하루 5분
엄마 목소리

하루 5분 엄마 목소리

태교 동화를 읽는 시간, 사랑을 배우는 아이

정홍 글 | 김승연 그림

위즈덤하우스

마음이 편안해지는 태교 클래식

1. **멘델스존** • 봄의 노래

2. **라흐마니노프** • 파가니니 랩소디

3. **브람스** • 왈츠

4. **생상스** • 백조

5. **브람스** • 자장가

6. **엘가** • 사랑의 인사

7. **바흐** • 미뉴에트

8. **쇼팽** • 녹턴 2번

9. **모차르트** • 반짝반짝 작은 별

10. **드보르자크** • 유모레스크

목차

추천의 글 노경선 • 008

1
CHAPTER

너의 마음을 똑같이 느끼고 싶어
'나'에서 '우리'를 만드는 이야기

2
CHAPTER

때로는 마음을 이겨야 해
'더 나은 나'로 크는 이야기

3
CHAPTER

내 마음에 숲이 자라고 있어
'마음의 숲'을 가꾸는 이야기

"태교란 누구를 위한 걸까요?"

당연히 태아를 위한 것입니다. 궁극적으로는 그렇습니다. 하지만 배 속의 아이가 누구로부터 영향을 가장 많이 받는가를 생각한다면 태교의 과정은 당연히 부모, 특히 엄마와 아이를 위한 것이 됩니다. 뿐만 아니라 태교가 단지 임신 중의 단기교육으로만 끝나는 것이 아니라 출생 이후의 유아교육으로 이어진다는 점을 감안하면, 아이를 위한 부모의 변화와 노력은 앞으로도 꾸준히 지속되어야 합니다. '부모와 가정'이라는 환경은 '확장된 자궁'과 같기 때문입니다.

오늘날 태교의 중요성이 점점 부각되면서 시중에 수많은 태교법들이 쏟아져 나오고 있지만, 무엇이 가장 좋은 태교법인지는 누구도 단언하기 어렵습니다. 태아의 뇌 발달을 위해 수학 문제를 풀거나 영어 테이프를 들려주고 클래식 음악을 듣는 것, 이 모두가 아이의 지능과 성격에 얼마나 영향을 미치는지 과학적으로 증명하기란 쉬운 일이 아니기 때문입니다.

하지만 한 가지 분명한 점은, 정서적으로 안정된 부모일수록 아이 역시 편한 마음과 좋은 성격을 지닐 가능성이 높다는 사실입니다. 부모와의 애착관계가 안정적으로 형성된, 이른바 안정애착형 아이들은 감정조절을 잘하고 배려와 이해심이 풍부하며, 자기 자신은 물론 타인에 대해서도 긍정적인 마음을 유지할 줄 압니다. 한마디로 정서지능이 높다는 얘기입니다. 그리고 이러한 능력은 '천재태교'나 '영재태교'가 추구하는 인지지능을 담당한 뇌를 잘 발달시키는 역할을 하며, 아이가 지닌 여러 재능들을 싹 틔울 수 있는 마음의 토양을 만들어줄 수 있습니다.

아이가 세상에 태어난다는 것은 곧 '나'를 둘러싼 환경과 만난다는 뜻입니다. 따라서 환경에 잘 적응할 수 있는 힘을 길러주는 것이야말로 태교의 목적이라고 할 수 있습니다. '머리가 좋다'는 것도 사실은 환경에 적응하고 문제를 해결하는 능력이 뛰어나다는 것을 의미합니다. 이 모든 것이 바로 정서지능에서 비롯되며, 이 정서지능은 태아 때부터 엄마의 영향을 받으면서 발달하게 됩니다.

태아가 느끼는 여러 자극들 중에서도 엄마의 감정만큼 강력한 자극은 없습니다. 기쁨, 즐거움, 행복 같은 긍정적인 느낌은 물론 슬픔, 근심, 우울 같은 부정적인 느낌도 태아에게 고스란히 영향을 미칩니다. 그래서 엄마의 감정조절 능력이 그만큼 중요해집니다. 앞서 태교가 엄마를 위한 것이라고 한 이유도 바로 여기에 있습니다. 엄마가 먼저 감정을 읽고 이해하며 그것을 잘 조절하여 긍정적인 마음으로 전환할 수 있는 능력을 키운다면, 이러한 엄마와의 끊임없는 정서적 상호작용을 통해 아기 역시 정서지능이 높은 아이로 성장할 수 있는 탄탄한 토대를 갖게 됩니다.

태교의 가장 일반적인 형식은 '엄마의 음성으로 들려주는 태교 동화'입니다.

그런데 엄마가 읽어준다는 공통점을 제외하고는 대부분의 동화들이 비슷비슷하다는 느낌을 지울 수 없습니다. 대개는 한두 번쯤 읽어봤던 명작동화의 축소판이거나 어디서 들어본 것 같은 교훈적인 이야기들을 재구성한 내용이 주를 이룹니다. 어떻게 보면 엄마의 사랑스런 음성으로 태아의 뇌를 자극한다는 목적과 기능만이 너무 강조된 것 같기도 합니다. 엄마들이 동화 자체에서 얼마나 신선한 재미와 감동을 느낄지도 의문입니다. 그래서 만일 혹시라도 동화를 읽어주는 일이 아기를 위한 의무처럼 느껴진다면 태교 동화의 효과도 그만큼 반감될 것입니다.

그런 점에서 '엄마를 위한 순수 창작 동화'로 이루어진 이 책은 엄마가 아이를 가르치는 방식이 아니라 엄마에게 먼저 재미와 감동을 주고자 한다는 점에서 기존의 태교 동화들과는 다분히 대조적입니다. 그리고 엄마가 먼저 읽는 '엄마 동화'와 아이에게 들려주는 '태교 동화'라는 두 가지 형태로 구성되었다는 점 또한 흥미롭습니다. 만일 엄마가 먼저 읽고 감동을 느낄 수 있다면, 그 감동은 엄마의 음성을 통해 고스란히 아이에게 전달되어 엄마와 아이의 정서적 교감을 높일 수 있을 겁니다. 또 한 가지 눈여겨볼 것은 이 책에 실린 동화와 짤막한 에세이들이 감정에 대한, 그리고 여러 가지 정서적 자산에 대한 인식에 초점을 맞추고 있다는 점입니다.

사실 이 책에 실린 동화들뿐만 아니라 대부분의 이야기 속 주인공들은 숱한 위기와 고난 앞에서 흔들리고 좌절하지만, 결국은 자기 내면에 심어둔 마음의 자산, 즉 정서적 힘으로 다시 일어섭니다. 따라서 한 편의 이야기를 읽는다는 것은 감정이입과 동시에 정서적 경험을 한다는 뜻입니다. 그리고 아이 역시 엄마의 다양하고 풍부한 감정을 통해 정서적 경험을 함께 누리게 됩니다. 그러니 가능하면 아이에게 그런 이야기들을 많이 읽어주길 권합니다.

엄마가 아이에게 줄 수 있는 가장 큰 자양분은 바로 행복입니다. 그래서 앞으로 '여자'에서 '엄마'로 새롭게 태어날 여러분들은 무조건 행복해야 합니다. 그런데 행복은 거저 주어지는 게 아니라 마음의 노력으로 찾아야 합니다. 슬프고 불안하고 우울한 상황 속에서도 행복의 방향을 잃지 않고 꿋꿋하게 나아가는 힘은 바로 정서에 있습니다. 엄마가 꾸준히 정서적 안정감을 유지하고, 감정에 대한 이해를 비롯하여 감정의 조절 능력과 활용 능력을 키워나간다면 아이도 그만큼 건강한 뇌를 가지고 태어날 겁니다.

건강한 뇌를 가진 사람은 자연스럽고 솔직하게 감정을 느끼고 표현할 수 있습니다. 그리고 복잡한 상황에서 미묘하게 변하는 몸의 반응들을 개별적인 감정으로 구별하여 적절히 대응할 수 있습니다. 또한 타인의 감정도 충분히 공감하고 배려합니다. 이렇듯 정서지능이 높은 아이들일수록 '마음 편하고 성격 좋은 사람'으로 성장할 수 있습니다. 그리고 이것이야말로 행복한 사람이 되는 충분조건일 것입니다. 이 책이 아이와 엄마 모두에게 바로 그 행복의 출발점이 될 수 있기를 기대합니다.

노경선 박사
소아정신과 의사
『아이를 잘 키운다는 것』 저자

1

너의 마음을 똑같이 느끼고 싶어

'나'에서 '우리'를 만드는 이야기

즐거울 때마다 풍선을 불어보세요.
날마다 행복이 둥실둥실 떠다녀요.

행복한 이야기로 집을 지어보세요.
온 세상 친구들이 다 놀러와도 넘쳐요.

때로는 귀를 닫고 마음을 열어보세요.
말로는 다 못할 사랑이 들려요.

• 일러두기
이 책에 수록된 동화는 엄마를 위한 긴 동화와 아이를 위한 짧은 동화로 구성되어 있습니다.
엄마가 먼저 동화를 읽고 느낀 재미와 감동을 엄마의 목소리에 그대로 담아 아이에게도 전해주세요.
그리고 생각보따리에 담긴 주제에 대해서도 아이와 함께 이야기를 나누며 교감을 느껴보세요.

거인의
풍선

언제부터인가 마을 뒷산에 거인이 와서 살기 시작했습니다.

"왜 하필이면 우리 마을이야? 이젠 나무하러 가기도 글렀네."

거인이 마을로 내려와 돼지나 닭을 잡아갈까봐 집 안에서 키우는 사람도 생겼습니다. 또 어떤 집은 식구들이 밤마다 한 사람씩 돌아가며 망을 보기도 했습니다. 나서기 좋아하는 사람들은 무기를 들고 산으로 올라가 거인을 몰아내겠다고 난리법석을 떨었습니다.

"도대체 그 거인은 어떻게 생겼대?"

"아주 크고 더럽고 흉하게 생겼지. 성질도 사나워서 닥치는 대로 잡아먹는다지 아마."

"걸을 때마다 천둥소리가 난대요."

하지만 거인을 직접 본 사람은 아무도 없었습니다. 뜬소문만 이리저리 떠돌아다니며 거인을 점점 크고 흉악하게 만들었습니다.

　거인을 처음 본 건 아이들이었습니다.

　높다란 나뭇가지에 연이 걸리는 바람에 발을 동동 구르고 있을 때 어디선가 쿵쿵, 소리와 함께 거인이 나타났습니다. 아이들은 비명을 지르며 사방으로 흩어졌습니다. 하지만 거인은 팔을 길게 뻗어 나뭇가지 사이에서 연을 쏙 꺼내더니 바닥에 살짝 내려놓았습니다. 아이들은 멀찌감치 떨어진 채 오들오들 떨며 거인을 지켜봤습니다. 거인은 숲에서 제일 큰 나무보다 더 크고, 어깨와 머리 꼭대기에는 새 둥지도 있었습니다. 콧구멍은 작은 동굴처럼 생겼고 눈과 눈 사이는 달리기를 해도 될 만큼 넓었습니다.

　거인은 아이들을 향해 씩 미소를 지어보이고는 다시 쿵쿵 발소리를 내며 숲으로 들어갔습니다. 아이 몇몇이 살금살금 걸음을 옮기자 다른 아이들도 쭈뼛쭈뼛하더니 이내 거인을 뒤따르기 시작했습니다.

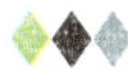

　깊은 산속에는 가시나무 숲이 있습니다. 숲이 하도 빽빽하게 우거져 아무도 들어갈 수 없는 곳이었는데, 지금은 거인이 길을 터놓아서 얼마든지 들어갈 수 있습니

다. 숲을 지나자 거인의 집이 보였습니다. 아이들은 깜짝 놀랐습니다.

"와, 정말 크다!"

거인의 집은 마을 사람들이 전부 들어갈 수 있을 만큼 컸습니다. 그리고 처마 밑에는 수많은 풍선들이 대롱대롱 매달려 있었습니다. 거인은 지게를 내려놓더니 마당에 철퍼덕 주저앉아 풍선을 불기 시작했습니다. 풍선은 하늘을 떠다니는 열기구만큼 커졌습니다.

"풍선은 왜 불어요?"

한 아이가 용기를 내어 물었습니다. 그러자 거인은 또 씩 웃더니 처마 밑에 걸려 있던 풍선 하나를 뚝 떼었습니다. 그러고는 꼭지를 풀어 아이 얼굴에 대고 바람을 빼기 시작했습니다. 머리카락이 바람에 날리고 옷깃이 팔락팔락 나부꼈습니다.

"헉! 입 냄새 안 나니?"

다른 아이들이 코를 쥐며 물었습니다.

"아니, 향긋해! 기분이 너무 좋아. 꼭 하늘을 나는 것 같아!"

그러자 아이들이 "나도, 나도!" 하며 몰려들었습니다. 거인이 차례차례 풍선 바람을 쏘여주자, 아이들은 깔깔 웃고 떠들고 난리가 났습니다.

그때 갑자기 어른들이 나타났습니다. 저마다 곡괭이, 삽, 몽둥이 따위를 손에 든 채 금방이라도 달려들 기세입니다.

"거인은 들어라! 당장 아이들을 풀어줘라! 안 그럼 호된 맛을 보게 될 거야!"

거인과 아이들은 '왜들 저러지?' 하는 표정으로 멀뚱멀뚱 쳐다보기만 했습니다.

설령 어른들이 한꺼번에 달려든다 해도 거인의 상대가 될 것 같지는 않았습니다.

그때 한 아이가 풍선을 들고 쪼르르 달려가더니 어른들 얼굴에 대고 바람을 빼기 시작했습니다. 수염이 바람에 날리고, 머리카락이 마구 헝클어졌습니다. 어른들은 들고 있던 곡괭이며 삽, 몽둥이를 바닥에 툭 떨어뜨렸습니다.

"이게 도대체 뭐지? 근심 걱정이 싹 달아나는 것 같구먼."

"이런 기분은 난생 처음이에요. 세상이 확 달라진 것 같아요!"

이제 마을 사람들 모두가 풍선의 비밀을 알게 되었습니다.

거인은 기분이 좋을 때만 풍선을 불었습니다. 피곤하거나 울적한 날에는 절대로 풍선을 불지 않았습니다. 그런 날엔 풍선을 암만 불어도 좋은 바람을 담을 수 없기 때문입니다. 그래서 풍선을 많이 불려면 기분 좋은 날이 많아야 합니다. 다행히 거인은 아이들과 친해지는 바람에 늘 기분이 좋았습니다.

거인이 잔디밭에 드러누워 낮잠을 잘 때면 아이들은 너 나 할 것 없이 밧줄을 타고 배 위로 올라갑니다. 그러고는 널따란 배 위에서 펄쩍 펄쩍 뛰며 재주를 넘고 미끄럼을 탑니다. 어떤 아이들은 거인의 콧구멍으로 동굴 탐험을 가기도 하고, 또 어떤 아이들은 거인의 머리에 있는 새 둥지에서 아기 새들과 함께 잠이 들기도 합니다. 거인은 아이들과 함께 놀 때마다 열심히 풍선

을 불었습니다. 그리고 매주 월요일 점심 때쯤이면 풍선을 한 묶음 가지고 내려와 마을 사람들에게 나눠주었습니다.

거인이 오기 전까지만 해도 이 마을은 따분하게 느껴질 만큼 평범한 곳이었습니다. 하지만 거인이 풍선을 나눠주면서부터 웃음소리, 노랫소리가 더 많아지고 행복한 기운이 마을을 감돌았습니다.

달라진 게 또 있습니다. 거인이 뒷산 숲에 살면서부터 강물에 물고기가 엄청나게 많아진 것입니다. 강가에서 그물을 던지던 어부들은 물 위로 펄쩍펄쩍 뛰어오르는 물고기를 보며 만세를 불렀습니다.

"갑자기 물고기들이 왜 이렇게 많아졌지?"

사실은 거인이 아침마다 뒷산 개울에서 머리를 감기 때문입니다. 거인의 머리에는 새 둥지가 있어서 하루라도 감지 않으면 새똥 냄새가 풀풀 풍깁니다. 그런데 머리를 감을 때마다 어미 새들이 물어온 벌레며 낟알 따위가 물에 씻겨 강으로 퍼져 나간 겁니다. 먹잇감이 늘어나자 물고기 떼가 앞다투어 몰려들었습니다. 덕분에 마을 사람들은 온갖 물고기를 실컷 맛볼 수 있었습니다.

거인은 숲에서 주워온 나무토막으로 장난감을 만들기도 했습니다. 손재주가 그리 좋은 편은 아니지만 그래도 꽤 열심히 장난감을 만들었습니다. 집을 만들기도 하고 기차, 배, 궁전을 만들기도 했습니다. 그런데 거인이 만든 장난감은 너무 커서 도무지 장난감 같아 보이지가 않았습니다. 아이들은 거인이 만든 장난감 궁전에 들어가 놀기도 하고, 장난감 배를 타고 놀기도 했습니다. 거인은 장난감 기차에 아이들을 태운 다음 기다란 밧줄에 묶어 끌고 다니기도 했습니다. 그렇게 장난감이 하나둘씩 불어나더니 마을 공터에 커다란 놀이동산이 생겼습니다. 집이 낡아 고민이던 사람들은 거인이 만든 장난감 집으로 이사를 가기도 했습니다.

마을은 점점 살기 좋은 곳으로 변해갔습니다.

마을 사람들은 무슨 일이 있을 때마다 거인을 불렀습니다. 이웃마을로 이어지는 긴 다리를 놓아야 할 때도 거인을 불렀고, 전봇대를 세울 때나 마을회관을 지을 때도 거인을 불렀습니다. 사람들이 몇 달 동안 해야 할 일을 거인은 단 며칠 만에 해치웠습니다. 이사를 가고 싶은 사람들은 거인에게 집을 통째로 들어서 옮겨달라고 부탁했습니다. 거인은 무거운 집을 짊어진 채 쿵쿵쿵 걸어가면서도 힘든 내색을 하지 않았습니다.

거인은 점점 할 일이 많아졌습니다. 하루 종일 힘들게 일한 뒤에도 거인은 늘 행복한 표정으로 풍선을 불었습니다. 마을 사람들은 풍선을 받기 위해 아침 일찍부터 거인의 집 앞에 줄을 섰습니다. 그런 어느 날 마을의 촌장이 사람들을 불러 모았습니다.

"여러분, 우리 이럴 게 아니라 거인의 풍선을 내다 팔면 어떨까요? 기분 좋아지는 풍선을 비싼 값에 팔면 우리 모두 부자가 될 거예요."

마을 사람들은 서로 얼굴을 마주 보며 생각에 잠겼습니다. 그때 누군가 "찬성이요!" 하고 소리쳤습니다. 그러자 나머지 사람들도 박수를 치며 "옳소, 옳소!" 하고 소리쳤습니다.

그날부터 거인은 눈만 뜨면 풍선을 불었습니다. 어떤 날은 밤하늘에 별이 뜰 때까지 하루 종일 풍선만 불 때도 있었습니다. 그런 날은 볼이 쏙 들어가고 얼굴이 하얘질 정도로 피곤했습니다. 그래도 거인은 씩 웃기만 했습니다.

사람들은 거인이 불어준 풍선을 들고 이 마을 저 마을 돌아다니며 내다 팔았습니다. 풍선은 불티나게 팔렸고, 점점 더 많은 사람들이 풍선을 원했습니다. 마을 사람들은 갈수록 거인을 더 다그쳤습니다.

"좀 빨리 불어줘. 사람들이 기다린단 말이야!"

거인은 잠시도 쉬지 않고 풍선을 불었습니다. 밥 먹을 시간조차 없었습니다. 사람들은 거인의 집 앞에서 기다렸다가 풍선이 나오면 바로 수레에 싣고 떠났습니다. 내다 팔아야 할 풍선이라 마을 사람들은 더 이상 풍선을 들이마시지 않았습니다.

그런데 언제부터인가 풍선을 사는 사람들이 조금씩 줄기 시작했습니다. 풍선을 아무리 들이마셔도 기분이 좋아지지 않는다는 것이었습니다.

"이상하다, 그럴 리가 없는데?"

마을 사람들은 오랜만에 풍선 바람을 쐬어봤습니다.

"정말이네. 기분이 오히려 나빠지는 것 같아."

마을 사람들은 화가 잔뜩 나서 거인에게 따졌습니다. 하지만 거인은 자기도 잘 모르겠다는 듯 머리만 긁적거렸습니다. 사람들은 화를 내며 마을로 내려갔습니다. 풍선이 쓸모없게 되자 아이들도 거인을 찾지 않았습니다. 그 대신 거인이 지어준 놀이동산에서 놀기만 했습니다.

어느 날 큰 태풍이 몰아쳤습니다. 나무가 쑥쑥 뽑히고 지붕이 날아갈 정도로 무서운 태풍이었습니다. 하늘은 온통 시커먼 구름으로 뒤덮이고 밤새도록 장대비가 무섭게 쏟아졌습니다. 사람들은 지하실에 몸을 숨긴 채 벌벌 떨었습니다. 이웃마을에서는 둑이 터지는 바람에 집과 가축들이 죄다 홍수에 쓸려 내려가고 말았습니다.

마을 사람들은 잔뜩 겁을 집어먹었습니다. 왜냐하면 이 마을 뒷산에도 커다란 둑이 있기 때문입니다.

"만약에 둑이 무너지기라도 하면 그땐 우리 마을이 지옥처럼 변하고 말 거야, 어떡하지?"

사람들은 너도나도 손을 모아 신에게 기도했습니다.

밤새 몰아치던 폭풍이 가까스로 잦아들더니 드디어 아침이 밝았습니다. 사람들은 지하실에서 빠져나와 하나둘씩 마을 공터로 모여들었습니다. 집과 나무가 부서지고 놀이동산도 사라졌지만 마을은 떠내려가지 않았습니다.

"천만다행이다. 둑이 무너지지 않았어!"

"그래, 신이 우릴 보살펴주신 거야!"

사람들은 서로 얼싸안고 기뻐했습니다. 그때 누군가 소리쳤습니다.

"여러분, 저길 보세요! 집들이 부서지고 놀이동산도 다 망가졌어요. 우린 이제 어떻게 하죠?"

그러자 모두들 약속이나 한 듯이 말했습니다.

"거인한테 일을 시키면 되지!"

마을 사람들이 우르르 숲으로 몰려갔습니다. 하지만 거인은 집에 없었습니다.

"이상하다, 어딜 갔을까?"

사람들은 여기저기 흩어져 거인을 찾아다녔습니다. 숲을 샅샅이 뒤지다 둑 근처까지 왔을 때 마침내 사람들은 거인을 발견했습니다. 거인은 바로 둑 앞에 쓰러져 있었습니다.

"도대체 무슨 일이 있었던 거지?"

"거인이 둑을 지켜준 것 같아요."

그제야 사람들은 알게 되었습니다. 폭풍우 속에서 둑이 무너질까봐 거인이 밤새도록 등지고 서 있었다는 것을.

아이들이 먼저 우르르 거인에게 달려갔습니다. 하지만 아무리 흔들어도 거인은 깨어나지 않았습니다. 머리 위에 있던 새 둥지도 사라져버렸고, 온몸은 상처투성이입니다.

"거인이…… 죽은 것 같아요."

아이들이 훌쩍훌쩍 울기 시작했습니다. 마을 사람들은 그제야 자신들이 거인을 어떻게 대해 왔는지 깨달았습니다.

"미안해, 정말 미안해."

그때 거인이 콜록콜록 기침을 했습니다.

“아직 죽지 않았어요!”

사람들은 거인을 집으로 옮기기 위해 작전을 짰습니다. 먼저 밧줄로 거인을 꽁꽁 묶은 다음 있는 힘껏 끌어당겼습니다. 거인은 산처럼 크고 무거웠지만 그래도 조금씩, 조금씩 움직이기 시작했습니다. 거인의 집까지는 꽤 먼 거리인데도 누구 하나 쉬지 않고 영차, 영차 힘을 냈습니다.

거인을 집까지 간신히 옮겨놓은 다음, 사람들은 정성껏 간호했습니다. 따뜻한 물수건으로 거인을 닦아주고 멀리서 의사를 데려왔습니다. 의사는 거인의 가슴에 청진기를 대보다가 화들짝 놀라기도 했습니다.

“심장 뛰는 소리가 천둥소리 같군요.”

다행히 거인은 생명에 지장이 없다고 합니다. 하지만 그동안 고생을 너무 많이 했기 때문에 쉽게 낫지는 않을 거라고 말했습니다.

마을 사람들은 번갈아가며 거인을 보살폈습니다. 나머지 사람들은 마을로 돌아가 부서진 집과 놀이동산을 고쳤습니다. 그동안 번 돈으로 약을 사서 거인에게 먹이기도 했습니다. 하지만 거인은 좀처럼 일어나지 못했습니다.

그러던 어느 날 한 아이가 풍선을 불기 시작했습니다. 어른들은 풍선을 보자 마음이 또 무거워졌습니다.

“얘야, 이제 그 풍선은 소용없어. 거인은 풍선을 불지 못해.”

하지만 아이는 쉬지 않고 풍선을 불었습니다. 어른들이 계속 말리자 아이가 소리쳤습니다.

"거인을 낫게 해달라고 비는 거예요!"

그러더니 다시 열심히 불었습니다. 그러자 옆에 있던 아이들도 덩달아 풍선을 불기 시작했습니다. 잠시 후 어른들도 너 나 할 것 없이 풍선을 불었습니다. 갑자기 온 마을이 풍선으로 넘실거렸습니다.

마을 사람들은 풍선을 들고 거인의 집으로 향했습니다. 마을에서 숲까지 알록달록 풍선 물결이 길게 이어졌습니다.

사람들은 잠든 거인의 얼굴을 향해 풍선 바람을 불어넣기 시작했습니다. 머리카락이 날리고 수염이 나부꼈습니다. 풍선 바람은 쉬지 않고 거인의 얼굴을 어루만졌습니다. 그러자 딱딱하게 굳어 있던 거인의 얼굴이 조금씩 움직이더니 입가에 살며시 미소가 피어났습니다. 사람들은 계속해서 풍선 바람을 쐬어주었습니다. 거인은 마치 행복한 꿈이라도 꾸는 양 미소 지었습니다.

잠시 후 거인의 커다란 눈이 살짝 열렸습니다. 거인은 눈앞에 모여 있는 마을 사람들을 하나하나 둘러보았습니다. 사람들은 기뻐서 눈물을 흘렸습니다. 어떤 아이는 거인의 가슴 위로 올라가 폴짝폴짝 뛰기도 했습니다.

거인은 천천히 몸을 일으키더니 늘어지게 기지개를 켰습니다. 그러고는 무슨 일이 있었냐는 듯 세상에서 가장 행복한 표정으로 풍선을 불기 시작했습니다.

거인의 풍선

어느 날 마을 뒷산에 거인이 와서 살기 시작했어요.

사람들은 거인이 마을로 내려와 못된 짓을 할까봐 걱정했어요.

거인은 아주 크고 힘도 세기 때문에 당연히 성질도 사납겠지,

하고 생각한 거예요. 거인을 만나본 적도 없으면서 말이에요.

그런데 참 이상하죠?

처음부터 겁을 먹고 나니까 점점 더 거인이 미워지는 거예요.

두려운 마음을 그냥 내버려두면 점점 커져서 미워하는 마음으로 변하나 봐요.

하지만 거인은 사납지도, 무섭지도 않았어요. 못된 짓은 더더구나 하지 않았죠.

나뭇가지에 연 하나가 걸려서 아이들이 발을 동동 구를 때

누가 연을 내려줬을까요? 바로 거인이에요.

거인은 정말 키가 커요. 숲에서 제일 큰 나무보다도 훨씬 더 컸어요.

그래서 처음엔 아이들도 거인을 무서워했어요.

하지만 거인은 아이들에게 활짝 미소를 지어보이기만 했죠.

아이들은 대번에 알아차렸어요.

거인이 착한 마음씨를 가졌다는 걸 말이에요.

그때부터 아이들은 거인의 집에서 함께 놀았어요.

거인은 덩치가 크니까 집도 굉장히 크겠죠? 정말 그랬어요.

집이 어찌나 큰지 마을 사람들이 전부 들어가도 남을 것 같았어요.

또 거인의 집에는 풍선이 아주, 아주 많았어요.

거인은 기분이 좋을 때마다 풍선을 부는 습관이 있었거든요.

풍선이 그렇게 많은 걸 보니 아무래도 기분 좋은 날이 아주 많았던 모양이에요.

"거인 아저씨, 풍선은 왜 불어요?"

한 아이가 용감하게 물었어요.

그러자 거인은 씩 웃더니 풍선 꼭지를 살짝 풀었어요.

그러고는 아이 얼굴에 푸르르, 바람을 쐬어주었어요.

머리카락이 바람에 날리고 옷깃이 팔락팔락 나부꼈어요.

"아, 향긋해! 기분이 너무너무 좋아. 꼭 하늘을 나는 것 같아!"

풍선 바람을 맡으면 맡을수록 점점 기분이 좋아졌어요.

나중엔 어른들도 풍선 바람을 좋아하게 됐어요.

아이들은 매일매일 거인과 함께 놀았어요.

거인이 잔디밭에 드러누워 낮잠을 자면,

아이들은 널따란 배 위에서 펄쩍펄쩍 재주도 넘고 씽씽 미끄럼도 탔어요.

아이들과 재미있게 놀다 보니 거인도 점점 기분이 좋아졌겠죠?

그래서 거인은 점점 더 풍선을 많이 불었어요.

거인이 불어주는 풍선 때문에 마을 사람들도 점점 행복해졌어요.

거인은 또 나무토막으로 장난감을 만드는 재주도 있었어요.

그래서 마을 공터에 커다란 놀이동산까지 만들어주었죠.

마을 사람들은 힘든 일이 있을 때마다 거인을 불렀어요.

거인은 날마다 마을 사람들을 위해 다리도 놓고, 집도 지어주었어요.

그리고 또 매일매일 풍선도 불어주었죠.

마을은 점점 좋아지고 사람들도 편해졌어요.

그러다 보니 슬슬 욕심이 생겼어요.

어느 날, 사람들은 거인이 불어주는 풍선을 이웃마을에 팔기 시작했어요.

풍선을 팔면 돈을 아주 많이 벌 수 있거든요.

그래서 사람들은 거인에게 풍선을 더 많이 불어달라고 했어요.

거인은 아침부터 밤까지 쉬지 않고 풍선을 불었어요.

어떤 날은 기분이 별로 좋지 않은데도 풍선을 불어야 했죠.

하지만 그런 풍선에서는 기분 좋은 바람이 나오지 않았어요.

그러다 보니 풍선을 찾는 사람이 점점 줄어들지 않겠어요?

풍선이 팔리지 않자 마을 사람들은 거인에게 화를 냈어요.

그러던 어느 날 마을에 큰 태풍이 몰려왔어요.

나무들이 쑥쑥 뽑히고 지붕이 날아갔어요.

이웃마을에서는 둑이 터지는 바람에 홍수가 났대요.

그런데 이 마을은 웬일인지 아무 일도 없었어요.

"어떻게 된 일일까? 어째서 우리 마을은 둑이 무너지지 않았을까?"

사람들은 뒷산에 가서야 알게 되었어요.

거인이 둑 앞에 쓰러져 있었거든요.

거인은 마을 사람들을 지키려고 밤새도록 둑을 등지고 서 있었던 거예요.

사람들은 그제야 거인의 고마움을 알게 되었어요.

그리고 그동안 자기들이 거인을 얼마나 함부로 대했는지도 알게 되었죠.

마을 사람들은 쓰러진 거인을 살리려고 풍선을 불기 시작했어요.

"제발 거인을 낫게 해주세요!"

소원을 담아 풍선을 불고 거인의 얼굴에 쐬어주었죠.

자, 어떻게 됐을까요?

거인이 다시 살아났어요! 끔뻑끔뻑, 커다란 눈을 뜨고 씩 웃고 있어요!

사람들은 박수를 치며 기뻐했어요.

거인은 기지개를 한 번 켜더니 아무 일도 없었던 것처럼

다시 행복한 표정으로 풍선을 불기 시작했어요.

엄마의 생각보따리
"감정을 아는 아이로 자라렴."

거인의 풍선으로 바람을 쐬면 기분이 어떨까? 엄마도 참 궁금해.

만약에 거인이 우리 동네에 오면 풍선 하나만 불어달라고 부탁해볼게.

풍선을 얻으면 우리 아가 얼굴에 살살 쐬어줄 거야.

그런데 꼭 거인이 풍선을 불어줘야만 할까? 아니야, 엄마도 불 수 있어.

엄마도 기분 좋을 때마다 마음속으로 커다란 풍선을 불 거야.

거인의 집에 풍선이 대롱대롱 매달린 것처럼

엄마도 마음 가득 풍선을 매달아놓을게.

그리고 풍선마다 이름을 붙여놓을 거야.

행복의 풍선, 사랑의 풍선, 용서의 풍선, 기쁨의 풍선……

풍선에 이름을 붙여놓으면, 지금 내가 어떤 기분인지 금방 알 수 있단다.

살다보면 즐겁고 기쁜 일도 많지만, 괜히 울적한 날도 많아.

그런 날은 마음속에 있는 기분 좋은 풍선 하나를 꺼내서 바람을 맞아야 해.

나쁜 감정들을 훨훨 날려보낼 수 있게 말이야.

아가야, 지금 엄마 마음속에는 기분 좋은 풍선들이 굉장히 많단다.

고고의 오두막

　　비버 고고가 댐을 쌓기 전까지만 해도 이 숲에는 호수가 없었어. 그저 작은 시냇물만 졸졸 흘렀지. 그런데 어느 해인가 고고 혼자서 둑을 쌓기 시작한 거야. 커다란 나무를 사각사각 갉아 물 위에 쓰러뜨리고는 진흙이며 돌이며 나뭇가지로 정성껏 메웠지. 처음 몇 년 동안은 고생이 무척 심했어. 홍수가 나는 바람에 댐이 무너진 적도 있었지. 그래도 고고는 포기하지 않고 숲과 호수를 쉴 새 없이 오가며 댐을 만들었어. 물론 혼자서 말이야. 댐을 쌓을 줄 아는 동물은 비버밖에 없잖아.

　　댐이 생긴 뒤부터 물이 점점 불어나더니 호수로 변했지. 시간이 갈수록 호수는 점점 커졌어. 그리고 나중에는 호수에서 다시 물길이 생겨나 숲으로, 숲으로 퍼져나간 거야. 숲은 점점 풍요로워졌지.

　　숲 속 이웃들은 고마운 마음에 고고를 위해 큰 잔치를 열기도 했어. 하지만 고고는 그때마다 "날 좀 내버려

뒤!” 하고는 물속으로 풍덩 뛰어들곤 했지. 솔직히 말해서 고고는 댐을 만드는 재주는 최고지만, 친구 사귀는 데는 영 소질이 없거든.

어느 날 고고는 호수 한가운데 섬을 만들기 시작했어. 커다란 돌과 흙, 나뭇가지로 차곡차곡 둔덕을 쌓아올렸지. 그러고는 물속에서부터 길게 굴을 판 다음 안에다 거실과 부엌, 그리고 아늑한 침실까지 꾸몄어. 그러니까 호수 위의 그 섬이 통째로 고고의 오두막이었던 거야.

“별을 보면서 잠들면 딱 좋겠군.”

침실 천장에 창문도 달고, 비가 새지 않도록 진흙으로 지붕을 꼼꼼하게 메우고는 커다란 나뭇잎으로 덮었지. 하지만 고고의 오두막은 언제나 미완성이었어. 해가 바뀔 때마다 여기저기 뜯어고치곤 했거든.

“고고는 집을 짓기 위해 태어난 것 같아.”

“죽을 때까지 집만 지을 건가봐.”

고고는 그렇게 오두막을 다듬고 가꾸느라 짝을 만나지도 못했어. 그러다 보니 어느새 나이도 들고 수염도 희끗희끗해졌지. 숲 속 동물들은 이제 그를 ‘고고 영감’이라 불렀어. 평생 집만 짓다가 늙어버린 거야.

낙엽이 하나둘씩 호수를 수놓아가던 어느 아침, 고고는 깊은 숲으로 달려가 향기로운 풀잎을 잔뜩 짊어지고 와서는 바닥에 쫙 깔았어. 그리고 남은 풀잎은 침대며

베개 속에 쏙쏙 넣었지. 거실에 통나무 식탁을 새로 들여놓는 것도 잊지 않았어. 의자는 늘 그렇듯이 하나면 충분했지. 손님을 초대할 일 따위는 없을 테니까 말이야. 고고는 떡갈나무로 만든 흔들의자에 앉아 집 안 구석구석을 훑어보며 중얼거렸어.

"오늘은 특별한 날이 되겠군."

그러고는 호수 밖으로 나가 자신이 만든 아름다운 오두막을 감상했어. 정말 뿌듯했지. 고고는 이제 이 오두막에서 한가롭게 노년을 보낼 계획이었지.

그때였어. 호수 건너편에서 난데없이 박수소리가 들려온 거야. 숲 속 동물들이 죄다 모여들어 축하를 해주고 있었어.

"고고 영감! 집들이는 언제 할 거예요?"

이웃들은 하나같이 알록달록 선물 보따리를 들고 있었어. 고고가 부르면 당장이라도 달려올 것처럼 말이야.

"집들이 같은 건 없다! 어차피 너희들은 올 수도 없어. 입구가 물속에 있으니까!"

그러고는 홱 돌아서더니 숲으로 사라져버렸어. 호숫가에 있던 동물들은 무안해서 어쩔 줄 몰랐지.

"이제부터 고고 영감을 만나면 아는 척도 하지 않을 거야."

다들 화가 잔뜩 났어. 어린 토끼와 다람쥐는 훌쩍훌쩍 울기까지 했다니까. 고고의 멋진 오두막을 구경하려고 밤잠까지 설쳤는데 참 딱하게 됐잖아.

그러거나 말거나 고고는 숲 속에서 부지런히 도토리만 땄어. 집을 완성한 기념으로 도토리 죽을 만들어 먹을 생각이거든.

'집들이라니 무슨 헛소리람.'

고고는 '비버의 집에 다른 동물이 들어오면 더 이상 비버의 집이 아니다'라는 괴상한 믿음을 갖고 있었어. 사실 비버들은 좀 그래. 이빨로 커다란 나무를 쓰러뜨릴 수는 있지만, 원래 겁이 많고 싸움을 못하기 때문에 호수에다 집을 짓는 거야. 아무도 못 들어오게 말이야.

자, 이야기는 지금부터야.

도토리를 한 짐 가득 짊어지고 콧노래를 부르며 오두막으로 들어선 순간, 고고는 너무 놀라 보따리를 툭 떨어뜨리고 말았어. 평생 그렇게 놀라본 적이 없었지. 거실 한구석에 젊은 수달이, 그것도 둘씩이나 앉아 있었거든. 한 가지 알아둬야 할 게 있는데, 수달은 비버의 천적이야. 사냥도 잘하고 헤엄도 잘 치기 때문에 비버의 집도 얼마든지 침범할 수 있지. 젊은 수달이 고개를 꾸벅 숙이면서 말했어.

"허락도 없이 들어와서 죄송합니다. 부디 용서해주세요."

말이 끝나기 무섭게 고고가 소리쳤어.

"당장 나가!"

"지금 아내가 몹시 아프답니다. 게다가 배 속에 아기가 자라고 있어요. 갈 데가 없어서 그러니 아기 낳을 때까지만 여기서 머물게 해주시면 안 될까요? 청소도 하고 심부름도 할게요. 무슨 일이든 시켜만 주세요."

아주 잠깐이지만 고고는 수달 부부가 딱하게 느껴지기도 했어. 하지만 평생 공들여 지은 집에서 다른 동물, 그것도 수달 부부와 함께 지낸다는 건 상상도 할 수 없었지.

"어서 나가라니까! 안 그럼 이웃들을 불러서 쫓아낼 테다!"

"여기서 나가면 저흰 갈 데가 없어요. 이제 곧 겨울인데 꼼짝없이 얼어 죽겠죠."

고고는 기다란 빗자루로 수달을 밀어내며 소리쳤어.

"그게 나랑 무슨 상관이야, 나가란 말이야! 어서 나가!"

그러자 수달의 표정이 갑자기 무섭게 변하더니 빗자루를 확 빼앗았어. 고고는 더럭 겁이 났지. 수달은 자기보다 젊은 데다 덩치도 훨씬 크고 우락부락한 게 힘도 엄청 세 보였거든. 금방이라도 고고의 멱살을 움켜쥐고 휙 쓰러뜨릴 것 같았단 말이야. 그때 수달의 아내가 가느다란 목소리로 말했어.

"여보, 그러지 말아요. 약속했잖아요."

그 한마디에 수달은 고개를 푹 숙이더니 아내의 볼록한 배와 고고를 번갈아보며 말했어.

"미안합니다."

고고는 자기 힘으로는 도저히 수달을 당해낼 수 없다는 걸 알았지. 그래서 재빨리 밖으로 나가 숲을 향해 달렸어. 숲 속 동물들에게 도움을 청하려고 말이야. 하지만 모두들 반응이 여간 싸늘한 게 아니야.

"그러니까 우리더러 호수 밑바닥까지 헤엄쳐 들어가서 수달 부부를 내쫓아달라 이 말인가요? 우리가 왜 그래야 하는데요?"

"그야 이웃이니까."

"아, 우리가 이웃이었나요? 흥, 급할 때만 이웃을 찾는군요."

동물들은 고고만 남겨둔 채 하나둘씩 자리를 떴어. 고고는 늘 외로웠지만 이때만큼 외로운 적은 없었지.

'무슨 수를 써서라도 내쫓아야 해!'

고고는 잠시 망설이다 변두리 숲으로 달려갔어. 거기엔 여우 삼형제가 살고 있는데 성질이 아주 고약한 녀석들이지. 여우 삼형제는 얼마 전부터 통나무집을 짓는답시고 요란을 떨고 있었어. 하지만 집 짓는 법을 몰라 애를 먹는 중이었지. 고고는 여우 삼형제에게 수달 부부를 내쫓아 주면 집 짓는 걸 도와주겠다고 말했어. 여우 삼형제가 얼마나 신났겠어? 하지만 문제가 좀 있었어. 녀석들은 물이라면 아주 질색을 했거든.

"고고 영감, 아무래도 안 되겠네. 우린 저렇게 차가운 물에 뛰어들 자신이 없거든. 그러게 집을 왜 저런 데다 지었어?"

고고는 힘이 쭉 빠졌어. 모든 희망이 사라진 셈이지. 호수 저편에서 차가운 바람이 불어오고 있었어. 이 숲은 겨울이 빨리 오는 편이야.

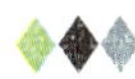

고고는 터덜터덜 오두막으로 돌아왔어. 방 안에는 여전히 수달 부부가 앉아 있었지. 고고는 그쪽으로는 눈길조차 주지 않은 채 도토리 죽을 만들었어. 그러고는 식탁에 앉아 혼자 죽을 먹기 시작했지. 수달 부부는 말없이 고고를 바라보았어. 고고는 두 그릇을 뚝딱 해치우고는 후다닥 설거지를 끝냈지. 그런 다음 커다란 나뭇잎으로 커튼을 만들었어. 수달 부부를 보면서 잠들고 싶지는 않았거든.

등불을 끄고 침대에 누웠더니 온몸이 나른해졌어. 창밖으로 수없이 많은 별들이 빛나고 있었지.

"저 수달 부부만 아니었다면 정말 멋진 하루였을 텐데."

고고는 투덜투덜하면서 잠이 들었어. 커튼 너머 수달 부부도 잠이 들었는지 아주 조용해. 초겨울 밤바람에 물결이 찰랑이는 소리만 자장가처럼 들려왔지.

다음 날 아침, 고고는 누군가 속삭이는 소리에 잠이 깼어. 커튼 너머로 수달 부부가 정답게 소곤거리고 있었던 거야. 그런데 가만 들어보니 부부 말고 누가 또 있는 것 같았어.

'설마 누굴 또 데려온 건 아니겠지?'

하지만 거실 구석에는 수달 부부밖에 없었어.

"아가야, 너도 이제 곧 보게 될 거야. 여긴 정말 아름다운 곳이란다. 숲도 울창하고 호수도 참 예뻐. 그중에서도 여기 비버 할아버지네 집이 제일 아름답단다. 봄이 오면 우리도 이런 멋진 집에서 행복하게 살게 될 거야. 아빠가 열심히 집을 지을게."

수달이 배 속의 아기에게 이야기를 들려주었던 거야. 아내의 배를 살살 쓰다듬으면서 말이야.

'뭐, 집을 짓겠다고? 흥, 이런 집을 아무나 짓는 줄 아나!'

하지만 이 집이 숲에서 제일 아름답다는 말은 약간 듣기 좋았어.

고고가 커튼을 젖히고 나가자 수달 부부는 이야기를 멈추고 눈으로 아침인사를 보내왔지. 하지만 고고는 본척만척, 먹다 남은 도토리 죽만 데울 뿐이야. 그러고는 어제처럼 혼자 식탁에 앉아 맛있게 죽을 먹었어.

'죽을 좀 남겨줄까, 말까?'

고고는 죽을 먹으면서도 계속 그 생각을 하고 있었지.

'가만, 내가 왜 이런 고민을 해야 하지?'

사실은 수달 아내가 자꾸 신경 쓰였던 거야. 아기를 가지면 늘 배가 고프다는 이야기를 들은 적이 있거든.

'아니야, 음식을 주면 계속 여기 있으려고 할 게 뻔해.'

고고는 보란 듯이 죽을 싹싹 긁어먹었어. 그러고는 식탁을 치우지도 않고 밖으로 나가버렸지.

'어떻게 하면 저 녀석들을 내보낼 수 있을까?'

고고는 하루 종일 그 생각뿐이야.

'밤마다 시끄럽게 노래를 부를까, 아니면 고약한 냄새를 풍길까? 찬바람이 들어오게 벽을 뚫어버리는 건 어떨까?'

그때 갑자기 하늘에서 첫눈이 내리기 시작했어. 호수도 조금씩 얼고 있었지. 숲 속 동물들은 모두 자기 보금자리로 들어가 겨울나기를 준비하고 있었어. 집이 없는 동물은 얼어 죽거나 늑대한테 잡아먹히게 될 거야.

장작을 짊어지고 돌아왔을 때 고고는 약간 놀랐어. 집 안이 깨끗해져 있었거든. 수달이 설거지도 말끔하게 해놓고, 이불도 반듯하게 정리해놓은 거야.

수달 부부는 여전히 한쪽 구석에 다정하게 앉아 있었어. 거실이 꽤 추웠기 때문에 둘이 꼭 껴안고 있었지. 아주 잠깐이지만 고고는 마치 자기가 손님이고 수달 부부가 주인인 것처럼 느껴졌어.

고고는 아무 말 없이 커튼을 치고 침대에 벌러덩 드러누웠어. 창밖으로는 눈이 펄펄 내리고 있었지. 어디선가 찬바람이 솔솔 들어오는지 점점 추워졌어. 그때 커튼 너머에서 수달의 목소리가 들려왔어.

"제 이름은 반달입니다. 그리고 제 아내는 보름달이라고 하죠."

고고는 어떻게 대꾸를 해야 할지 몰라 약간 망설였어.

"쳇, 이름이 뭐 그래?"

"아내 이름은 원래 따로 있었는데 아기를 가지면서부터 보름달이라고 불러요.

배가 보름달처럼 점점 동그래지고 있거든요.”

그리고 또 잠시 침묵이 흘렀어. 고고는 커튼을 젖히고 거실로 나가더니 난로에 불을 피우기 시작했지. 거실이 점점 따뜻해졌어. 보름달은 고고를 물끄러미 바라보다가 “정말 고마워요”라고 말했어.

“당신들 때문에 불을 피운 게 아니야! 내가 추워서 피운 거지.”

그래놓고도 속으로는 약간 창피했어. 너무 좀스러운 것 같았거든.

아무튼 집 안이 따뜻해지니까 몸이 나른해지고 졸음이 몰려왔어. 커튼 너머에서는 또 반달의 옛날이야기가 시작됐지. 고고는 좀 조용히 하라고 소리치려다가 멈칫했어. 수달들 사이에서 내려오는 전설 같은 이야기인데 은근히 재미가 있었거든. 그래서 자기도 모르게 점점 귀를 기울이게 되었어.

이야기는 어느 용감한 나그네가 모험을 하면서 온갖 적들을 물리치는 내용이었지. 고고는 이야기 속에 나오는 고래나 코끼리 같은 동물이 어떻게 생겼는지 너무너무 궁금했어. 한 번도 본 적이 없었거든.

창밖으로는 눈 쌓이는 소리가 들려왔어. 밤이 깊어갈수록 반달의 목소리도 점점 작아졌지. 고고는 ‘좀 큰 소리로 얘기해!’라고 소리치고 싶었어. 하지만 목소리는 자꾸만 작아졌어. 나중에는 귀를 커튼 가까이 갖다 대야 겨우 들릴 정도로 작아졌지. 그때 갑자기 어디선가 ‘꼬르륵’ 하는 소리가 들렸어.

누구 배에서 나는 소리일까? 반달인지 보름달인지, 아니면 배 속의 아기한테서 나는 소리인지 고고는 통 알 수가 없었어.

다음 날 아침, 반달 내외가 눈을 떴을 때 고고는 보이지 않고 식탁 위에 도토리 죽만 냄비 가득 놓여 있었어. 반달과 보름달은 도토리 죽을 먹어도 될지 안 될지 한참 이야기를 나눴지. 보름달은 집주인에게 더 이상 폐를 끼칠 수는 없다고 했지만, 반달은 굶주린 아내를 도저히 지켜볼 수가 없었어. 결국 반달 내외는 도토리 죽을 아주 조금만 먹기로 했어. 하지만 한 숟가락 먹어보고는 도저히 멈출 수가 없었지 뭐야. 반달 내외는 순식간에 냄비를 싹 비우고 말았어.

그때 문이 벌컥 열리더니 고고가 들어온 거야. 반달 내외는 당황해서 어쩔 줄을 몰랐지. 하지만 고고는 못 본 척하며 들고 있던 자루를 부엌으로 가져갔어. 자루 속에는 어디서 따왔는지 탐스런 겨울 열매가 가득했어. 고고는 흔들의자에 앉아 열매 하나를 우걱우걱 씹어 먹으며 반달에게 물었어.

"고래란 녀석은 대체 어떻게 생긴 동물이야?"

그러자 반달은 살며시 미소를 짓더니 손가락으로 그림을 그려가며 설명하기 시작했어. 덩치는 고고의 오두막보다 훨씬 더 크고 팔다리 대신 커다란 지느러미를 가졌다고 말이야. 고고는 눈이 동그래졌어.

"그럼 코끼리는?"

"고래만큼 크고 아주 기다란 코를 가졌죠. 코로 물도 마시고 과일도 집어 먹어요."

고고는 계속해서 사자, 호랑이, 코뿔소에 대해서도 물어봤어. 전부 반달의 이야기 속에 나오는 동물이야.

"그런데 그런 동물들을 어떻게 다 알지?"

"그야 직접 봤으니까요."

고고는 놀랍기도 하고 또 부럽기도 했어. 자기는 평생 호수에서 댐을 쌓고 집을 짓는 게 전부였잖아. 그런데 반달은 세상을 여행하면서 온갖 것을 다 구경했다는 거야.

"그 얘기, 계속해봐."

그때부터 반달의 이야기가 펼쳐지기 시작했어. 반달은 재미있는 이야기를 엄청 많이 알고 있었지. 고고는 이야기를 들으면서 상상의 나라로 빠져들었어. 코끼리 등에 올라타서 정글 속으로 모험을 떠나고 거북이와 함께 바다를 누비기도 했지. 주인공이 악어 떼에 쫓기거나 독수리 둥지에서 탈출할 때면 손에서 땀이 나기도 했어. 그때 갑자기 보름달이 콜록콜록 기침을 하는 바람에 이야기가 뚝 끊어졌지 뭐야.

"여보, 괜찮아? 감기 걸리면 큰일인데."

반달은 보름달의 이마를 어루만지며 걱정스러운 표정을 지었어. 난로를 켜놓았지만 그래도 바닥은 아주 차가웠거든. 어쨌거나 고고는 다음 이야기가 궁금해서 죽을 지경이야. 그래서 하는 수 없이 보름달을 자기 침대에 누이기로 했어. 반달의 이야기를 계속 들으려면 보름달이 편안해야 했거든. 고고는 맛있는 겨울 열매까지 듬뿍 담아왔어.

"자, 이제 계속해봐."

다시 이야기가 시작됐어.

창밖에는 눈이 내리고 난롯불은 타닥타닥 타올랐지. 반달은 침대에 걸터앉아 이야기를 들려주고, 보름달과 고고는 열매를 먹으며 귀를 기울였어. 도토리 죽도 해

먹으면서 말이야.

또 한 번은 반달이 밖으로 나가 물고기를 잡아온 적도 있어. 사실 고고는 물고기 요리를 별로 좋아하지 않아. 비린내를 아주 싫어하거든. 하지만 보름달은 아기를 위해서 골고루 잘 먹어야 해. 그래서 어쩔 수 없이 비린내를 꾹 참기로 한 거야. 보름달이 기운을 차릴수록 반달은 점점 더 신나게 이야기를 했어. 고고가 밤새 이야기를 듣다가 침대 밑에서 잠들면 반달이 이불을 살며시 덮어주기도 했지.

어느 날 고고는 오랜만에 숲에 나가봤어. 숲은 온통 눈으로 덮여 있었지. 호수도 꽝꽝 얼어붙어서 물 밖으로 나가려면 얼음을 깨부숴야만 했어.

고고는 숲 속에서 눈밭을 헤쳐 가며 튼튼한 통나무를 찾았어. 그러고는 이빨로 정성스럽게 깎아 의자 두 개를 만들었지. 하나는 반달, 또 하나는 보름달 꺼야. 고고가 다른 누구를 위해서 의자를 만들어본 건 이번이 처음이야.

거실 식탁에 의자가 하나밖에 없을 때는 몰랐는데 세 개가 놓인 뒤로는 왠지 진짜 집처럼 느껴졌어. 또 식탁 위에 도토리 죽, 겨울 열매, 물고기 튀김, 나무껍질 과자 같은 요리를 푸짐하게 차려놓으니까 식사 시간도 훨씬 길어졌지. 반달은 밥을 먹을 때도 고고에게 재미있는 이야기를 들려줬어. 설거지할 때도, 청소할 때도 쉬지 않고 얘기했지.

반달의 이야기는 아무리 들어도 지루하지 않았어. 이야기 속에 나오는 나그네는 정말이지 세상 모든 곳을 다 가본 모양이야. 고고는 마치 주인공이 된 것처럼 뜨거운 사막을 가로지르기도 하고 얼음으로 뒤덮인 높은 산을 올라보기도 했어. 고고는 반달이 어떻게 그 많은 이야기를 알고 있는지 궁금하기도 했지.

호수가 꽁꽁 얼어붙은 어느 날, 끝없이 이어지던 이야기도 이제 서서히 끝나가고 있었어. 반달은 고고가 끓여준 차를 한 모금 마시더니 이야기의 마지막 부분을 들려주기 시작했지.

"그러다가 나그네는 어느 아름다운 강가에 도착했어요. 그리고 거기서 아름다운 수달을 만나 결혼을 했죠. 나그네의 모험도 이제 끝이 난 거예요. 왜냐하면 아내와 함께 강가에서 평생을 보내기로 했으니까요. 그런데 어느 날 강가에 높다란 굴뚝이 하나둘씩 생기더니 시커먼 연기가 나오고 강물이 썩어가기 시작했어요. 강에 살던 이웃들은 뿔뿔이 흩어지고 나그네 부부도 결국 보금자리를 떠날 수밖에 없었죠. 부부는 살 곳을 찾아 이리저리 헤매다가 어느 깊은 숲에 도착했답니다. 그리고 거기서 혼자 사는 비버 할아버지를 만나게 된 거예요."

이야기가 다 끝난 뒤에도 고고는 한동안 멍하니 반달만 쳐다보았어.

"그럼 이 이야기에 나오는 나그네가 바로 자네란 말인가?"

반달은 살며시 웃으며 고개를 끄덕였어. 고고는 그만 할 말을 잃고 말았지.

날이 갈수록 고고는 바깥세상이 궁금해졌어. 반달처럼 온 세상을 돌아다니기에는 너무 늙었지만 한 번이라도 낯선 곳을 여행하고 싶었지. 고고는 하루 종일 흔들의자에 앉아 넓은 세상을 상상하곤 했어. 장작을 패거나 먹을거리를 구해오는 건 이제 반달의 몫이 되었지.

그런 어느 날 보름달이 고고에게 조용히 말을 걸어왔어.

"저희 부부는 아기를 위해서 가장 평화롭고 안전한 곳을 찾아다녔어요. 바깥 세상은 참 위험하거든요. 그런데 지금 이렇게 아름다운 집에서 쉴 수 있어 너무 행복해요."

고고는 잠시 아무 말이 없다가 이렇게 대답했어.

"여기서는 안심해도 돼. 이 집은 세상에서 제일 안전한 곳이니까."

며칠 뒤 고고는 두꺼운 얼음을 깨고 호수 밖으로 나왔어. 그러고는 눈길을 달려 깊은 숲으로 들어갔지. 고고는 숲에서 가장 튼튼하고 향기로운 나무를 찾고 있었어. 그 나무로 아기 침대를 만들 생각이었거든. 하지만 겨울이라 적당한 나무를 찾기가 여간 어려운 게 아니야. 고고는 하루 종일 숲을 돌아다녔지. 그리고 마침내 아주 근사한 나무를 찾아냈어.

'흠, 좋아. 아주 좋아! 멋진 아기 침대를 선물해야지.'

고고는 나무를 잔뜩 짊어지고 집으로 향했어. 그런데 떡갈나무 언덕을 넘어갈 때쯤 난데없이 여우 삼형제가 나타났지 뭐야. 여우 삼형제는 누구랑 싸우다 왔는지 온몸의 털이 마구 헝클어져 있었어.

"너희들 몰골이 형편없구나. 도대체 무슨 일이야?"

"그 수달 녀석 있잖아, 여간 센 게 아니더군. 어찌나 맷집이 세던지 원."

고고는 나무를 바닥에 떨어뜨리고 말았어.

"수, 수달을 공격했단 말이야? 너희들 셋이서?"

"영감이 내쫓아달라고 했었잖아? 마침 얼음이 꽝꽝 얼어서 오두막으로 들어갈 수 있었지. 천장 창문으로 말이야. 워낙 센 놈이라 쫓아내진 못했지만 그래도 실컷 두들겨 패줬어. 잘했지?"

고고는 "안 돼, 안 돼!" 소리치며 정신없이 달렸어. 가슴이 쿵쿵 뛰고 눈앞이 아찔해졌지. 숨을 헐떡이며 집으로 들어선 순간 고고는 비명을 지를 뻔했어. 거실은 온통 난장판이 되었고, 바닥에는 피투성이가 된 반달이 쓰러져 있었던 거야. 보름달은 반달을 부둥켜안은 채 울고 있었지. 고고는 얼른 달려가서 반달을 일으켰어.

"죄, 죄송해요. 집을 잘 지키려고 했는데…… 엉망이 됐어요."

반달은 그 말을 하고 정신을 잃었어. 고고는 반달을 침대에 누이고 보름달을 살펴봤어. 다행히 보름달은 다친 데가 없었어. 반달이 죽을힘을 다해 아내를 지켜낸 거야. 반달은 신음소리를 내며 고통스러워했어.

고고는 곧장 숲으로 달려갔어. 그러고는 정신없이 눈을 헤치고 얼어붙은 땅을 파내 약초를 캤지. 손에서 피가 날 정도로 말이야. 하지만 손가락보다 마음이 훨씬 더 아팠어.

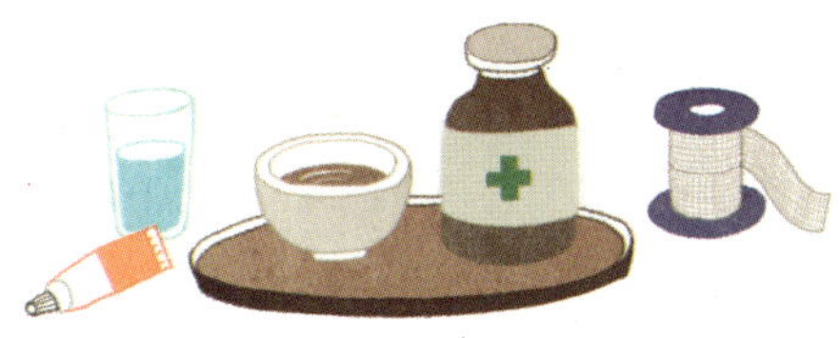

고고는 상처에 약을 바르고 또 바르면서 밤새도록 반달을 간호했어. 침대 옆에 쪼그려 앉은 채 졸다가도 반달이 신음소리를 내면 벌떡 일어나 상처를 어루만져줬지. 그렇게 수달 부부를 위해 요리를 하고 반달을 치료하느라 매일매일 밤잠을 설쳤지.

"할아버지, 이제 그만 쉬세요. 그러다 병나겠어요."

보름달이 말해도 고고는 듣지 않았어. 그렇게 정성껏 간호한 덕분에 반달의 상처는 조금씩 낫기 시작했어. 하지만 여전히 깊은 잠에 빠져 있었지.

"혼자서 여우 셋을 상대로 싸우다니 정말 대단하군."

고고가 중얼거리자 반달 곁에 누워 있던 보름달이 살짝 눈을 떴어.

"할아버지, 이이는 싸우지 않았어요. 그냥 맞기만 했죠."

"어째서 맞기만 했지?"

"아기한테 약속했거든요. 다시는 그 누구도 다치게 하지 않겠다고 말이에요. 게다가 이렇게 아름다운 집에서 어떻게 싸움질을 해요."

"그래서 이 지경이 되도록 맞고만 있었다고? 어리석군."

"조금 어리석어도 괜찮아요. 저흰 곧 부모가 될 테니까요."

"아니 그게 무슨 소리야?"

"저흰 되도록 선한 마음으로 아기를 만나고 싶어요. 어리석어 보이더라도 시름시름 앓더라도 선한 마음을 가져야 하는 게 부모니까요."

고고는 아무 말 없이 보름달과 반달의 얼굴을 물끄러미 바라보기만 했지.

다음 날 이른 새벽, 고고는 조용히 밖으로 나가 산길을 달리기 시작했어. 고고가 달려간 곳은 여우 삼형제의 소굴이었지. 여우 삼형제는 고고를 보자마자 소리쳤어.

"영감, 그 수달 녀석들은 어떻게 됐어? 아직 내쫓지 못했으면 우리가 도와줄까? 이번엔 틀림없이 내쫓을 수 있어."

고고는 두 손을 꼭 모으며 말했어.

"제발 부탁인데 더 이상 수달 부부를 해치지 말아다오."

"무슨 소리야? 전에는 내쫓아달라더니 이젠 해치지 말아달라고?"

"그래, 제발 해치지 말아줘."

그러자 꾀 많은 막내 여우가 이렇게 말했어.

"그럼 전에 약속했던 대로 통나무집을 지어줘. 지금 당장!"

그날부터 고고는 하루 종일 눈밭 위에서 통나무를 자르고 깎아 집을 짓기 시작했어. 성질 고약한 여우 삼형제를 위해서 말이야. 그러다 날이 어두워지면 집으로 돌아가 반달과 보름달을 보살폈지. 몸에 좋은 음식도 만들고 약도 정성껏 달였어.

보름달은 원래 몸이 약한 데다 임신을 해서 계속 잠만 잤어. 거기다 반달마저 누워 있으니 밤마다 자장가처럼 들리던 이야기 소리도 뚝 끊어졌겠지? 고고는 늦은 밤 혼자 깨어 있는 시간이 그렇게 쓸쓸할 수가 없었어. 창문으로 달빛이 들어와 반달과 보름달의 잠든 얼굴을 비출 때, 고고는 문득 이런 생각이 들었어.

'내가 이렇게 쓸쓸한데 아기는 오죽할까?'

매일매일 아빠의 이야기를 듣던 아기가 무척 심심할 것 같았던 거야. 고고는 침대 곁으로 살며시 다가갔어. 그러고는 한숨을 길게 내쉬었지. 아기한테 무슨 말이라도 해주고 싶은데 아는 이야기가 하나도 없잖아. 고고는 한참 동안 그렇게 멍하니 앉아 있기만 했어. 그러다 혼잣말하듯이 중얼거리기 시작했지.

"집을 지을 땐 말이다, 먼저 튼튼한 나무부터 구해야 한단다. 커다란 돌도 필요하고 진흙도 있어야 돼."

기껏 아기한테 해준다는 게 집 짓는 이야기라니, 고고는 자기가 생각해도 너무 우스꽝스러웠어. 하지만 아는 이야기라곤 그것밖에 없는걸. 고고는 밤새도록 배 속의 아기에게 집 짓는 이야기를 들려줬어.

"아가야, 네 아빠처럼 재미있는 이야기를 못해줘서 미안하구나."

고고는 갑자기 슬퍼졌어. 평생을 살면서 아기한테 들려줄 이야기가 하나도 없다는 게 너무 한심하게 느껴졌거든.

'나는 정말 보잘것없는 늙은이야.'

고고는 매일매일 새벽마다 숲으로 나갔어. 차가운 눈보라를 맞아가며 뚝딱뚝딱 통나무집을 짓느라 손도 부르트고 다리도 퉁퉁 부었지. 하지만 고고는 잠시도 쉬지 않고 일했어. 그러다 보니 어느새 통나무집 한 채가 떡하니 완성됐지 뭐야.

"자, 약속대로 집을 지어줬으니 이제 더 이상 수달 부부를 건드리지 않는 거다, 알았지?"

그런데 글쎄 여우 삼형제가 하는 말 좀 들어봐.

"나머지 두 채도 다 지어야지! 보다시피 우린 삼형제잖아!"

삼형제니까 통나무집도 세 채를 지어야 한다는 거야. 정말 못된 녀석들이지 않아? 고고는 화가 머리끝까지 났어. 하지만 수달 부부를 지키려면 어쩔 수 없잖아. 그래서 또 집을 짓기 시작한 거야. 하루도 쉬지 않고 새벽부터 밤까지 말이야.

그러면서도 늦은 밤이면 어김없이 침대 곁에 앉아 아기에게 집 짓는 이야기를 들려줬지. 이야기를 하면 할수록 아기와 점점 가까워지는 기분이었어. 배 속의 아기는 아무 말도 없었지만 왠지 마음이 통하는 느낌이었지.

그런데 하루는 잠든 보름달의 배가 살짝 꿈틀거리는 게 보였어. 배 속의 아기가 뒤척였던 모양이야. 고고는 이상한 기분이 들었지. 왜냐하면 아기가 꼭 이렇게 묻는 것 같았거든. '할아버지는 왜 그렇게 집만 지어요?' 하고 말이야. 고고는 잠시 망설이다 이렇게 속삭였어.

"아가야, 우리 비버들은 누구나 집을 지어야 한단다. 왜냐하면 앞니가 계속 자라기 때문이야. 부지런히 나무를 갉지 않으면 이빨이 쑥쑥 자라서 머리를 찌를 수도 있어."

사실 고고가 친구를 사귀지 못한 것도 앞니 때문이었던 거야. 왜냐하면 친구들하고 어울려 놀다보면 점점 게을러져서 나중에는 나무를 갉기 힘들 만큼 이빨이 자라게 되거든. 결국 쉬지 않고 나무를 갉으며 집을 지어야 하는 게 고고의 운명이었던 거야. 하지만 막상 그렇게 말하고 나니까 모든 게 핑계처럼 느껴졌어. 언제나 숲 속 동물들을 무뚝뚝하게 대하고 수달 부부를 내쫓으려 했던 그 모든 일들이 그저 앞니 때문만은 아니었거든.

"아가야, 이 할아버지는 참 나쁜 마음씨를 가졌단다."

고고의 목소리가 조금씩 떨리기 시작했어.

"아빠랑 엄마가 딱한 처지였는데도 난 쫓아내려 했단다. 여우들한테 내쫓아달라고 부탁까지 했지."

고고는 잠시 말을 멈췄어. 말을 하려는데 눈물이 한 방울 흘러내렸거든.

"그래서 여우들이 네 아빠를 해치려고 했던 게야. 그런데도 네 아빠는 맞기만 했단다. 전부 내 탓이야. 나 때문에 네 아빠가 이렇게 다친 거야."

또 한 방울.

"예쁜 것만 보고 아름다운 이야기만 들어야 할 우리 아기한테 그렇게 무섭고 흉한 것들을 보여주고 말았구나."

한 방울, 두 방울, 눈물이 계속 흘러내렸어.

고고는 숲 속 이웃들의 모습을 하나둘씩 떠올리기 시작했어. 활짝 웃으며 인사를 건네던 사슴, 언제나 졸졸 따라다니며 말을 걸던 토끼와 다람쥐, 함께 시원한 과일을 먹자며 소리쳐 부르던 오리……. 고고는 그들을 언제나 쌀쌀맞은 표정으로 대했지. '날 좀 내버려둬!'라고 소리치면서 말이야. 고고는 곧 태어날 아기가 절대로 만나지 말아야 할 것이 바로 자기 자신이란 걸 알았어. 하지만 지금 이 순간 고고가 가장 보고 싶은 것은 바로 아기였지. 반달과 보름달의 품에 안겨 새록새록 잠든 아기의 모습이 너무도 보고 싶었던 거야.

그때 누군가 슬며시 고고의 손을 잡았어. 고고는 깜짝 놀랐지. 몇 주일째 깊이 잠들어 있던 반달이 고고의 손을 꼭 쥐고 있었거든. 다음엔 보름달이 그들의 손을 아기가 잠들어 있는 배 위에 살포시 얹었지. 포개진 세 개의 손 위로 환한 달빛이 비쳤어. 그 순간 갑자기 보름달의 배가 또 꿈틀거렸어. 배 속의 아기가 자기도 끼워달라는 듯 꿈틀꿈틀 움직인 거야.

"할아버지, 아기가 인사를 하네요."

반달과 보름달이 웃으며 말했어. 눈물로 얼룩져 있던 고고의 얼굴에도 살며시 미소가 피어나기 시작했지. 그날은 달빛마저 고고의 오두막 위에 오래오래 머물러 있었어.

반달은 하루가 다르게 몸이 좋아졌어. 일어나서 걸을 수도 있고 청소며 설거지도 할 수 있을 정도로 말이야. 고고가 아침 일찍 나가면 반달은 집을 치우고 보름달을 위해 요리도 했지. 반달이 기운을 차릴수록 보름달도 점점 건강을 되찾기 시작했어.

고고는 그 어느 때보다 가벼운 마음으로 통나무집을 지었어. 이제 나이가 들어서 젊을 때만큼 재빠르지는 못했지만 그래도 쉬지 않고 묵묵히 집을 지었지. 눈보라가 몰아쳐도, 세찬 바람이 불어도 고고는 멈추지 않았어.

두 번째 통나무집을 다 짓고 지붕을 올리던 날, 고고는 널찍한 그루터기에 앉아 잠시 숨을 돌리고 있었지. 그런데 누군가 눈발을 헤치며 다가왔어. 반달이 연장을 챙겨들고 온 거야.

"아니, 자네 여긴 왜 왔어?"

"날마다 어딜 가시나 했더니 혼자 집을 짓고 계셨군요. 저도 도울게요."

반달은 눈시울이 붉어져 있었어. 숲 속 이웃들에게 소문을 들은 모양이야. 고고 영감이 수달 부부를 지키기 위해 여우 삼형제에게 집을 지어주고 있다는 소문 말이야.

"자네 몸도 시원치 않은데⋯⋯."

"할아버지 곁에서 집 짓는 법을 배우는 게 제 소원이에요."

결국 고고는 반달과 함께 마지막 세 번째 통나무집을 짓게 됐어. 집 짓는 법을 하나하나 설명해가면서 말이야. 반달은 마치 자기 집이라도 되는 양 정성껏 기둥을 세우고, 벽을 쌓아올렸어.

마침내 통나무집이 완성되던 날, 고고는 이제야 마음 놓고 푹 쉴 수 있게 됐다며 반달의 어깨를 두드려주었지. 못된 여우 삼형제는 제각기 자기 집 앞에 서서 고고와 반달을 물끄러미 쳐다보기만 했어. 고맙다는 말 한마디조차 없이 말이야.

겨울이 막바지에 이른 어느 날, 고고의 오두막에서는 아주 흥겨운 분위기가 흐르고 있었어. 반달이 특별한 파티를 준비하고 있었거든. 언젠가 보름달이 고고에게 생일을 물어본 적이 있었어. 고고는 자기 생일이 언제인지 모른다고 했지. 그때 반달이 파티를 열자고 한 거야.

"집들이 겸 생일 파티를 여는 거예요. 숲 속 이웃들을 모두 초대해요!"

하지만 고고는 약간 망설였어.

"이웃들이 과연 와줄까?"

"그건 걱정 마세요. 제가 다 알아서 할게요."

반달은 자신만만한 모양이야. 보름달도 침대에서 훌훌 털고 일어나 팔을 걷기 시작했지. 그러고는 겨울꽃이며 나뭇잎들을 모아 집 안을 예쁘게 장식했어. 반달은 숲과 호수를 분주히 오가며 음식 재료를 구해왔지. 또 숲 속 이웃들을 하나하나 만나서 파티에 와달라고 부탁하기도 했어.

그동안 고고는 뭘 하고 있었을까? 고고는 오두막 천장에 따로 현관을 만들었어. 손님들을 물속 입구로 들어오게 할 수는 없잖아. 그래서 누구나 쉽게 들어올 수 있게 커다란 문을 만든 거야.

파티가 열리던 그날 밤, 고고의 오두막은 휘황찬란한 등불로 아름답게 빛나고 있었어. 오두막에서 호숫가로 이어지는 얼음길 위에도 등불이 환하게 밝혀졌지. 숲 속 이웃들은 저마다 선물을 들고 고고의 오두막으로 향했어.

오두막 안에는 흥겨운 음악과 푸짐한 음식이 준비되어 있었지. 숲 속 이웃들은 집에 들어서자마자 입이 쩍 벌어졌어. 숲이 생긴 뒤로 이렇게 멋진 파티는 처음이었거든. 게다가 보름달이 마련한 음식도 그렇게 맛있을 수가 없었지. 어린 토끼와 다람쥐도 신기한 듯이 고고의 오두막을 이리저리 돌아다니며 즐거워했어. 고고는 한 발짝 뒤로 물러서서 그 모습을 바라보고 있었지. 이제야 집을 다 지은 기분이 들었던 거야.

분위기가 한껏 무르익어갈 때였어. 갑자기 누군가 문을 똑똑 두드리는 소리가 들렸어. 고고가 문을 열자 아주 뜻밖의 손님이 서 있었어. 바로 여우 삼형제였지. 여우 삼형제는 나란히 서서 꾸벅 인사를 했어. 잠시 어색한 분위기가 흘렀지. 그때 보름달이 다가와 여우 삼형제의 손을 잡으며 말했어.

"고고 할아버지의 생일 파티에 오신 걸 환영해요."

그러자 다시 음악이 흐르고 웃음소리가 이어지기 시작했어. 첫째 여우와 둘째 여우는 고고에게 다가와 커다란 바구니를 내밀었어.

"영감님, 그동안 고생 많으셨어요. 그리고 정말 죄송해요."

바구니 안에는 구하기 어려운 귀한 열매와 채소, 그리고 물고기가 가득 담겨 있었어. 정말 굉장한 선물이었지. 마지막으로 막내 여우가 반달과 보름달에게 다가가 고개를 숙이며 말했어.

"아기한테 줄 선물이 있어요."

그리곤 다시 밖으로 나가더니 자그마한 아기 침대를 들고 왔지. 고고가 만들려고 했던 바로 그 침대였어. 보름달은 기뻐서 어쩔 줄 몰랐지.

밤은 깊어가고 파티 분위기는 점점 무르익어갔어. 그런데 보름달이 갑자기 배를 움켜쥐더니 반달에게 소리쳤어.

"여보, 아기가 나오려고 해요!"

반달은 재빨리 다가가 보름달을 침대에 누이고 커튼을 쳤어. 이웃들은 잔뜩 숨을 죽인 채 기다리고, 고고는 두 손을 꼭 쥐고 기도했지.

잠시 후 커튼이 열리더니 반달이 나타났어. 품에는 아주 귀여운 아기가 안겨 있었지. 모두들 박수를 치며 기뻐했어. 아기가 그 소리에 놀라 눈을 번쩍 뜬 순간, 멀찌감치 서 있던 고고와 눈이 딱 마주쳤어. 아기가 태어나서 제일 처음 본 세상이 바로 고고 할아버지였던 거야.

자, 내 이야기는 여기까지야.

그런데 궁금하지 않아? 어째서 내가 그 모든 일들을 다 알고 있는지 말이야.

사실 이 이야기는 전부 고고 할아버지한테서 들은 거야. 고고 할아버지는 내가 태어난 날부터 매일 밤마다 이야기를 들려줬거든. 그래, 그날 밤에 태어난 아기가 바로 나야. 그래서 고고 할아버지와 나는 생일이 같아.

고고 할아버지는 매일매일 나를 업고 호숫가에 나가 숲 속 이웃들과 함께 웃고 떠들며 하루를 보내곤 했지.

"나무를 갉아대지 않아도 앞니가 자라지 않는구먼, 허허허!"

고고 할아버지는 내가 호수를 마음껏 헤엄칠 수 있는 나이가 될 때까지 우리와 함께 살았어.

그러던 어느 날 고고 할아버지는 더 늦기 전에 세상 구경을 하겠다며 호수를 떠났어. 엄마 아빠, 그리고 이웃들이 한사코 말렸지만 할아버지는 이미 오래전부터 마음을 굳게 먹고 있었던 거야. 아빠가 나그네 이야기를 들려줄 때부터 말이야.

고고 할아버지가 호수를 떠나던 날, 숲에 사는 모든 동물이 배웅을 나왔어. 할아버지는 이웃들과 일일이 인사를 한 뒤 마지막으로 나를 번쩍 안아 올렸지.

"얘야, 내가 살면서 제일 자랑스러운 일이 있다면 그건 널 만났다는 거야. 네가 태어나던 날, 내 꿈도 함께 태어났단다. 늘 너와 함께 하마."

고고 할아버지는 그렇게 떠났어. 자기만의 이야기보따리를 채우려고 먼 길을 떠난 거야. 그리고 다시는 돌아오지 않았지.

고고 할아버지는 틈만 나면 이런 말을 하곤 했어.

"산다는 건 누군가에게 들려줄 이야기를 하나하나 만들어가는 거란다. 그리고 집은 이야기를 담고 있어야 진짜 집이야. 너의 모든 이야기를 여기에 다 담으렴."

지금도 나는 매일 밤마다 고고 할아버지의 침대에 누워 창밖을 바라보곤 해. 달도 지나가고 별도 지나가지. 태어나기 전부터 나는 이 오두막을 사랑했던 것 같아.

이따금 꿈속에서 누군가 내게 이야기를 들려주기도 해. 내가 엄마 배 속에 있을 때처럼 말이야. 나는 꿈속에서도 대번에 알 수 있어.

그게 바로 고고 할아버지의 목소리란걸.

고고의 오두막

참 아름답고 평화로운 숲이에요.

거울처럼 맑은 호수 위로 하얀 구름이 둥실둥실 떠가고,

새들은 호수가 하늘인 양 자꾸자꾸 물 위로 날아가요.

이 호수는 고고라는 비버가 만들었어요.

고고가 댐을 쌓고 나서부터 물이 점점 불어나 호수가 됐거든요.

하지만 숲에서 고고 영감을 만나더라도

먼저 알은체하지 않는 게 좋을 거예요.

고맙다고 인사를 해봤자 "날 좀 내버려둬!" 하고 귀찮아할 테니까요.

고고는 아주 부지런한 비버지만, 친구 사귀는 재주는 빵점이에요.

고고의 꿈은 딱 하나뿐이었어요.

호수 한가운데에 아주 멋지고 아름다운 오두막을 짓는 거였죠.

그래서 고고는 평생 혼자서 집을 지었어요.

그러다 보니 어느새 나이가 들고 수염도 희끗희끗해졌어요.

숲 속 친구들은 이제 그를 '고고 영감'이라고 불렀어요.

겨울이 다가올 무렵, 고고는 드디어 집을 완성했어요.

그런데 상상도 못했던 일이 벌어지고 말았어요.

기분 좋게 도토리를 짊어지고 오두막으로 들어서는데

커다란 수달 부부가 떡하니 앉아 있는 거예요.

고고는 당장 나가라고 소리쳤어요.

하지만 수달 부부는 아기 낳을 때까지만 머물게 해달라고 졸랐어요.

"어서 나가라니까! 안 그러면 숲 속 친구들을 불러서 쫓아낼 테다!"

그래도 수달 부부는 갈 곳이 없다며 끝까지 버텼어요.

고고는 억지로라도 수달 부부를 내쫓고 싶었어요.

하지만 수달은 덩치도 크고 힘도 세서 어떻게 할 수가 없었죠.

숲 속 친구들에게 달려가 수달 부부를 내쫓아달라고 부탁했지만,

고고가 늘 쌀쌀맞게 대한 탓에 아무도 도와주려 하지 않았어요.

마지막으로 고고는 성질 고약한 여우 삼형제를 찾아갔어요.

그리고 통나무집을 지어주는 대신 수달 부부를 내쫓아달라고 했죠.

하지만 여우 삼형제도 부탁을 들어줄 수 없었어요.

고고네 오두막으로 들어가려면 차가운 물속으로 잠수를 해야 하거든요.

이제 고고는 수달 부부와 함께 지낼 수밖에 없게 됐어요.

고고는 그냥 수달 부부가 없는 것처럼 지내기로 했어요.

쳐다보기는커녕 아무 말도 하지 않고, 밥도 혼자 먹었죠.

"제 이름은 반달입니다. 그리고 제 아내는 보름달이라고 해요."

수달 남편이 인사를 해도 못 들은 척했어요.

하지만 한집에서 같이 지내다 보면 자꾸 신경이 쓰일 수밖에 없잖아요.

게다가 반달은 밤마다 보름달의 배를 쓰다듬으며

배 속의 아기에게 재미있는 이야기를 들려주었어요.

어느 용감한 나그네가 신나게 모험을 펼치는 이야기였죠.

고고는 평생 숲 속 호숫가를 떠나본 적이 없기 때문에

반달의 이야기가 너무 신기하고 재미있었어요.

그래서 안 듣는 척하면서도 점점 이야기에 빨려 들어갔죠.

고고는 매번 다음 이야기가 궁금해서 죽을 지경이었어요.

그러다 결국은 반달에게 이야기를 계속 해달라고 말했어요.

반달은 밤마다 배 속의 아기를 위해,

또 고고를 위해 재미있는 이야기를 들려주었어요.

하루하루 지날수록 고고와 수달 부부는 점점 마음이 통하는 것 같았어요.

고고는 보름달을 자기 침대에 누이고 따뜻하게 난로를 켜주기도 했어요.

그리고 맛있는 겨울 열매와 도토리 죽도 만들어주었죠.

그러는 동안 겨울이 성큼 다가와 호수가 꽁꽁 얼기 시작했어요.

그런 어느 날, 아주 큰일이 벌어지고 말았어요.

고고가 잠시 집을 비운 사이에 여우 삼형제가 쳐들어온 거예요.

호수가 꽁꽁 얼었기 때문에 집에 들어올 수 있었나 봐요.

반달은 사나운 여우 삼형제와 맞서 싸우다 크게 다치고 말았어요.

고고는 마음이 너무 괴로웠어요.

왜냐하면 여우 삼형제에게 수달 부부를 내쫓아달라고 한 게 바로 자기니까요.

고고는 숲에서 약초를 캐어 반달을 정성껏 치료했어요.

그리고 여우 삼형제에게 달려가 이렇게 말했죠.

"통나무집을 지어줄 테니 제발 수달 부부를 해치지 말아다오!"

그때부터 고고는 정신없이 바쁘게 지내야 했어요.

낮에는 여우 삼형제를 위해 통나무집을 짓고,

밤에는 반달을 돌봐줘야 했거든요. 그뿐만이 아니에요.

고고는 반달이 그랬던 것처럼 배 속의 아기를 위해 이야기를 들려주었어요.

아는 이야기가 없어서 그저 집 짓는 얘기밖에 할 수 없었죠.

그날 밤, 고고는 아기에게 이야기를 해주다가 눈물을 뚝뚝 흘리고 말았어요.

자기 때문에 반달이 다친 게 너무 미안했던 거예요.

고고가 정성껏 보살펴준 덕분에 반달은 점점 기운을 차렸어요.

어느 날 고고 혼자 오두막집을 짓고 있을 때 반달이 찾아와 돕기 시작했어요.

그런 모습을 보면서 여우 삼형제는 반달에게 했던 짓을 뉘우치게 됐죠.

겨울이 끝나갈 무렵, 반달은 고고를 위해 생일 파티를 준비했어요.

숲 속 친구들도 부르고, 음식도 푸짐하게 차렸어요.

고고의 오두막에 수많은 친구들이 모여 파티를 즐겼어요.

바로 그날 밤, 귀여운 아기가 태어났어요.

평생 혼자서만 살아온 고고의 집에 새 식구가 생긴 거예요.

"공감하는 아이로 자라렴."

고고는 부지런하고 집도 잘 지었지만 딱 하나, 친구 사귀는 법을 몰랐어.

친구를 사귄다는 건 '관계'를 맺는다는 뜻이야.

'관계'란 건 무엇일까?

엄마는 '나'와 '남'이 만나 '우리'가 되는 것이 바로 관계라고 생각해.

처음에 고고는 '남'을 받아들이지 못했기 때문에 '우리'를 만들 수 없었던 거야.

하지만 수달 부부와 이야기를 나누고, 마음을 열면서부터

더 이상 남이 아니라 우리가 될 수 있었어.

나만 너무 생각하면 그만큼 남이 많아지지만,

남을 생각하면 할수록 우리가 점점 많아지는 것 같아.

우리가 되면 참 신기한 일이 많이 생긴단다.

상대방에 대한 애틋한 마음도 생기고,

또 그 사람을 위해 힘든 일도 마다하지 않아.

왜냐하면 그만큼 관계가 소중하다는 걸 알기 때문이야.

고미의 털

고　　미　　의
털

이름은 고미, 세 살짜리 암컷 포메라니안이다. 이웃집 영화감독이 키우는 녀석인데 어쩌다 일주일 동안 내가 돌보게 되었다.

"섬에서 촬영을 하는데 얘가 배를 못 타. 멀미가 심하거든. 그래서 동물병원에 잠시 맡겨둘까 싶어."

그러면서 영화감독은 내게 비싼 술과 안주를 시켜주었다. 그걸 얻어먹는 마당에 모른 척할 수야 있나.

"일주일이라고 했지? 내가 돌봐줄게."

"어, 그래도 될까?"

"처음부터 그럴 생각이었잖아."

영화감독은 그렇게 섬으로 떠났고, 내 품에는 털북숭이 강아지가 안겨 있었다. 솔직히 나는 지금까지 살아오면서 강아지와 단둘이 있어본 적이 없다.

첫날, 녀석은 방 안 구석구석을 킁킁거리며 돌아다니다 이윽고 자리 하나를 떡 차지하고 앉았다. 싱크대 앞 요가매트를 깔아둔 명당자리였다. 무시하고 열심히 키보드를 두드리고 있는데 갑자기 녀석이 발발발 뛰어다니기 시작했다.

"배고프구나?"

사료 위에 소시지를 정성껏 잘라 먹음직스럽게 한 상 차려주었다. 그런데 거들 떠도 안 본다. 손으로 먹여주려 해도 고개를 요리조리 돌린다. 가만히 지켜보니 자꾸 현관 쪽만 왔다 갔다 한다. 나가 놀자는 뜻이렷다.

고미를 안고 옥상으로 올라갔다. 녀석은 일단 오줌부터 찔끔찔끔 싸더니 조깅을 시작했다. 나도 덩달아 뛰었지만 5분 만에 숨이 가빠왔다. 땀범벅이 된 채 녀석을 안고 다시 작업실로 돌아왔다.

녀석은 아직 하루 운동량을 덜 채웠다는 듯 방 안을 쉴 새 없이 맴돌았고, 그렇게 실컷 뛰어다닌 뒤에야 식사를 하기 시작했다. 적당한 운동 뒤에 식사하기, 이게 고미의 리듬인 모양이다. 녀석은 배불리 먹고 나서 다시 자기 자리로 돌아가 편하게 앉더니 이내 코를 골기 시작했다. 옳거니, 이제야 일을 할 수 있겠다.

나는 글쟁이라 작업실에서 혼자 지낸다. 김치가 떨어지거나 마누라와 세 아이가 보고 싶을 때 말고는 대부분 이곳에 틀어박혀 밤새 책을 읽고 글을 쓴다. 그러다 보니 가족과 나 사이에는 떨어져 지내는 시간만큼의 그리움이 늘 존재한다. 아군(나는 아내를 이렇게 부른다)과 나는 뜻하지 않게 찾아낸 이 적정 거리를 꽤나 소중하게 여기는 편이다.

"고미 알지? 일주일 동안 내가 돌보게 됐어."

아군에게 전화를 걸었다.

"……."

"왜 말이 없어?"

"집에 데려올 생각일랑 아예 접으셔."

아군은 강아지라면 아주 질색이다. 무엇보다 강아지의 '털'을 죽도록 싫어한다. 어쩌다가 엘리베이터에서 강아지를 만나기라도 하면 아군은 집으로 달려가 옷부터 턴다.

"앤 털이 잘 안 빠지는 것 같은데……."

말이 채 끝나기도 전에 전화를 끊어버린다.

다시 키보드를 두드리고 있자니 고미가 또 날뛰기 시작한다. 이제 일 좀 그만하고 놀자는 신호다.

그 뒤로 자정 무렵까지 거의 똑같은 일들이 반복되었다. 놀다가 쉬는 틈을 타서 일하고, 다시 또 놀고…… 그러다 잠이 들었다. 고미는 요가매트에서 난 침대에서, 번갈아 코를 골며 우리는 동거 첫날밤을 그럭저럭 무탈하게 보냈다.

다음 날 낑낑거리는 소리에 눈을 뜨자 아침 햇살이 방 안 가득 고여 있었다. 그 빛을 후광 삼아 고미 녀석이 꼬리를 흔들며 서 있다. 일단 안아서 모닝 포옹을 한 다음 방 안을 쓱 둘러보다가 나는 기겁을 하고 말았다. 구석구석 햇살이 닿는 곳마다 녀석의 털이 먼지와 함께 뭉게뭉게 뭉쳐 있었다. 창문을 열자 개털이 서부 황야의 회전초처럼 방 안을 데굴데굴 굴러다니기 시작했다.

포메라니안 종은 아주 명랑하다. 그리고 어떤 포메라니안은 심하게 명랑하다. 고미는 하루 종일 현관에서 테이블로, 소파에서 책상으로 쉬지 않고 뛰어다닌다. 이따금 온몸을 탈탈 털 때마다 털이 사방으로 펄펄 날린다. 일을 하고 있으면 털들이 하늘하늘 날아와 키보드 위에 살포시 내려앉기도 한다. 후 불어서 날려보내고 다시 일에 집중해본다. 그러자 녀석이 바짓가랑이를 물고 가르랑가르랑 시비를 건다. 어제는 몰입할 수 있는 최소한의 시간이나마 주더니 오늘은 그것도 없다. 놀아주고, 털 먼지 쓸고, 다시 놀아주고…….

그렇게 며칠을 보냈더니 녹초가 되고 말았다. 강아지를 돌보는 게 갓난아기를 돌보는 것만큼 손이 많이 간다던 아군의 말이 절절하게 와 닿았다.

고미를 맡은 지도 벌써 엿새째, 이제 내일이면 나도 해방이다. 딱 하루만 참으면 되는데, 이 하루가 정말 영원처럼 길게만 느껴진다. 아군에게 전화를 걸었다.

"어디 잔디 넓은 데로 드라이브나 갈까?"

"강아지는 어쩌고?"

"뭐 잠깐인데 그냥 데려가지."

"은근슬쩍 떠맡길 생각이라면 꿈도 꾸지 마!"

그래도 워낙 드라이브를 좋아하는 아군인지라 도시락까지 싸들고 차에 올랐다. 세 악동들은 고미를 보자마자 안고 뽀뽀하고 난리가 났다.

"뛰지 마, 털 날려!"

아군이 빽 소리를 질러보지만 뒷좌석은 이미 세 아이와 강아지의 놀이터로 변해버리고 말았다. 15년 된 고물 자동차의 탱크 같은 엔진소리도 놈들의 괴성에 싹 묻혀버렸다.

정신없이 달려 자유로 끝자락에 있는 임진각에 도착했다. 너른 잔디밭에 아이들과 고미를 풀어놓았더니 순식간에 사방으로 흩어져버렸다. 애들이나 개나 뛰지 못해 죽은 귀신이 붙은 게 틀림없다. 돗자리 위에는 제육볶음, 계란말이, 소시지구이가 펼쳐지고, 잔디 위에는 세 아이와 강아지가 펼쳐졌다. 꼭 달력 사진 같은 풍경이다. 그렇게 한나절 펑펑 놀고 돌아왔는데, 이야기는 지금부터다.

뒷좌석의 네 마리는 지구를 반 바퀴나 돌고 온 것처럼 곯아떨어져 있었다. 그 나른한 평화를 오래오래 누리기 위해 나는 시속 60킬로미터를 넘지 않는 속도로 차를 몰았다. 창밖엔 강이 흐르고, 강물 위로는 석양빛이 내려앉고 있었다. 아군은 아이들 틈에 잠들어 있는 고미를 물끄러미 바라보다가 혼자 중얼거렸다.

"털만 안 빠지면 얼마나 좋아?"

나는 잠자코 운전만 했다. 솔직히 '오늘 하룻밤만 고미를 집에서 재워줬으면' 하는 기대를 품고 있었는데 아무래도 힘들 것 같다. 그런데 잠시 후 머릿속에서 뭔가 꿈틀꿈틀 솟아나는가 싶더니 느닷없이 이야기 한 편이 떠올랐다. 나는 생각나는 대로 아군에게 이야기를 들려주기 시작했다.

"강아지 한 마리가 있었어. 그런데 집에서 쫓겨났지 뭐야. 털이 하도 많이 빠져서 주인이 내쫓아버린 거야.”

고미는 해가 저물도록 길모퉁이에 서 있었습니다.

주인집 창문에 불이 켜지자 고미는 멍멍 짖기 시작했습니다.

그 소리에 이웃집 개들도 덩달아 컹컹 짖어댔죠.

다들 집에서 짖고 있지만 고미는 추운 바깥에서 혼자 짖고 있습니다.

다들 주인이 있지만 고미는 이제 떠돌이 개로 살아야 합니다.

도대체 고미에게 무슨 일이 생긴 걸까요?

고미는 유난히 털이 많이 빠지는 개입니다.

자고 나면 주인집 할아버지 머리 위에 러시아 모자처럼 털이 수북이 쌓일 정도였죠.

할머니 고무신에도 털이 수북,

두 살짜리 꼬마의 발에도 수북수북,

주인아주머니 손에도 수북수북수북.

“아니, 이 녀석은 대체 왜 이렇게 털이 많이 빠지는 거야!”

주인아주머니는 아주 질색을 했습니다.

그런데 어느 날 두 살짜리 꼬마가 콜록콜록 기침을 하더니

피부병까지 걸리고 말았습니다.

"이게 다 너 때문이야!"

아주머니는 너무 화가 나서 고미를 내쫓아버리고 말았습니다.

"세상에, 인정머리하곤. 다른 집에 보내든지 아니면 동물병원에 데려갈 수도
있잖아."

아군이 막 분개한다.

"어어, 그냥 동화잖아. 독이 든 사과도 먹이는데 뭐 어때?"

나는 한 해에 버려지는 유기견의 숫자까지 들먹이며 아군을 설득했다.

"좌우지간 그렇다 치고, 다음엔 어떻게 되는데?"

아군이 다음 이야기를 궁금해 한다. 나는 은근히 신이 나서 이야기를 이어갔다.

밤하늘에서 눈이 내리기 시작했습니다.

고미는 너무 춥고 배가 고파서 무작정 걸었습니다.

사람들 발에 툭툭 채이기도 하고,

커다란 도둑고양이한테 쫓기기도 했습니다.

예전엔 고양이만 보면 으르렁거렸지만, 지금은 그런 용기도 나지 않습니다.

밤은 점점 깊어가고, 발이 푹푹 빠질 만큼 눈이 쌓였습니다.

고미는 밤늦도록 이리저리 헤매다 어느 골목으로 들어갔습니다.

춥고 배고프고 이제는 잠도 쏟아집니다.

고미는 차가운 눈 바닥에 배를 깔고 엎드린 채 꾸벅꾸벅 졸기 시작했습니다.

잠자코 이야기를 듣던 아군이 뒷좌석을 쓱 돌아본다. 그러고는 슬그머니 팔을 뻗더니 잠든 고미를 자기 품으로 데려온다. 고미는 둥지를 파고드는 아기 새처럼 아군의 품 안에 폭 파묻힌다.

"그렇게 해서 죽는 개가 얼마나 많은지 몰라. 주인공은 안 죽지? 죽이면 안 돼."

아군이 고미를 바싹 안으며 말했다. 그녀는 주인공이 죽는 영화를 병적으로 싫어했다. 극장에서 영화를 보다가도 "죽을까? 안 죽겠지?" 하고 묻는 통에 곤혹스러울 때가 많다.

"글쎄, 방금 떠올랐는데 고미가 어느 노숙자 할아버지를 만나는 걸로 하면 어떨까?"

"노숙자와 떠돌이 개? 너무 빤한 스토리 아냐?"

"그게 내 상상력의 한계야. 노숙자 말고는 딱히 떠오르는 게 없는걸, 뭐."

갑자기 어디선가 발소리가 들렸습니다.

고미가 퍼뜩 잠에서 깨어보니 골목 끝에 웬 노인이 술에 취해 쓰러져 있었습니다.

잠든 노인 위로 자꾸자꾸 눈이 내립니다.

고미는 낑낑거리며 노인 곁으로 다가갔습니다.

그리고 조금씩, 조금씩 노인의 품을 파고들었습니다.

그 위로 밤새도록 눈이 내리고 또 내렸습니다.

"죽이지 말라니까!"

"안 죽어!"

"밤새 눈 내린다며? 엄청 춥다며? 얼어 죽기 딱 좋잖아!"

"상상을 좀 해봐. 주인공이 보통 개야? 털이 엄청 빠지는 개잖아."

"치, 개털이 무슨 침낭이라도 되나?"

다음 날 새벽, 노인은 눈을 뜨자마자 깜짝 놀랐습니다.

자기 몸 위로 웬 털이 수북이 쌓여 있었기 때문입니다.

"아이고, 이게 다 뭐야? 누가 덮어줬을까?"

그러다가 노인은 또 한 번 놀랐습니다.

웬 작고 초라한 강아지 한 마리가 노인의 품에서 죽은 듯이 잠들어 있었습니다.

그런데 어찌된 일인지 몸에는 털이 한 오라기도 남아 있지 않았습니다.

가슴에 귀를 대보니 아주 가느다랗게 심장이 뛰었습니다.

노인은 털 없는 강아지를 품에 안고 외투로 폭 감싸주었습니다.

"고마운 강아지야, 네가 아니었다면 난 얼어 죽었겠지? 이제부터 내가 널 보살펴주마."

노인은 고미를 안고서 느릿느릿 골목을 떠났습니다.

노인이 잠들었던 자리에는 털 뭉치만 수북이 남았습니다.

아군은 말이 없다. 나도 이제 상상력이 바닥나고 말았다. 고미는 아군의 품 안에서 여전히 쌕쌕 잠을 자고, 뒷좌석의 세 놈도 코를 골고 있다.

오늘따라 자유로가 무척 길다. 커피라도 한 잔 마실 겸 휴게소에 들렀다. 차가 멈추자 뒷좌석의 세 놈과 고미가 동시에 눈을 떴다. 어린 녀석들은 차가 멈추면 자동적으로 깨기 마련이다.

"아빠, 나 햄버거!"

둘째가 운을 떼자 첫째는 감자튀김, 셋째는 알로에주스를, 그리고 고미는 '왈왈'을 주문한다. '왈왈'이 어떤 메뉴인지는 짐작조차 할 수 없다. 소시지 종류면 되겠지.

커피와 햄버거, 감자튀김, 알로에주스, 소시지를 사들고 와서 다시 차에 시동을 걸었다. 뒷좌석의 네 마리는 간식을 먹느라 정신이 없다.

차가 다시 자유로를 타기 시작하자 아군이 불쑥 말을 꺼냈다.

"고미 있잖아. 그 주인공 강아지 말이야."

"응."

"어쩌면 털이 그냥 숭숭 빠진 게 아닐지도 몰라."

"그게 무슨 소리야?"

"내 생각인데 주인집에 살 때부터 고미는 일부러 털을 뽑아내지 않았나 싶어. 자기 앞발로 가슴 털을 헤집어가면서 말이야."

"뭐라고? 아니 왜 그랬대? 혼날 줄 알면서."

"주인집 할아버지는 대머리가 되는 중이었어. 그래서 할머니한테 늘 투덜거린 거야. 찬바람이 불 때마다 머리가 너무 시리다고."

"그래서 고미가 할아버지 머리에다 자기 털을?"

"응. 동화니까."

동화니까, 그래 동화니까 계속 상상을 해보자.

모두가 잠든 밤, 고미는 혼자 일어나 할아버지 머리에다 털을 뽑아내기 시작했습니다.

앞발로 가슴 털을 숭숭 뽑아내고, 뒷발로 겨드랑이 털을 숭숭 뽑아냈습니다.

대머리였던 할아버지 머리가 어느새 멋진 금색 털로 뒤덮였습니다.

다음은 할머니 차례입니다.

할머니는 아침마다 약수터에 다녀오곤 했습니다.

그때마다 발이 시리다고 중얼거렸지만 아무도 듣는 사람이 없었습니다.

고미는 할머니 고무신에다 털을 숭숭, 숭숭 뽑아냈습니다.

고무신 위에 털이 수북이 쌓이더니 어느새 따뜻한 털신으로 변했습니다.

이번엔 아기 차례입니다.

아기는 늘 이불을 차는 버릇이 있습니다.

그때마다 작고 앙증맞은 다리가 드러나곤 했습니다.

고미는 아기 다리 위에 털을 숭숭 뽑아 폭 덮어주었습니다.

이제 주인아주머니 차례입니다.

주인아주머니는 설거지를 할 때도, 청소를 할 때도 고무장갑을 안 낍니다.

답답하다고 그냥 맨손으로 합니다. 그래놓고 늘 손이 시리다고 투덜거립니다.

고미는 주인아주머니 손 위로 털을 숭숭 뽑아 따뜻하게 덮어주었습니다.

다음 날 아침, 아주머니는 눈을 뜨자마자 소리쳤습니다.

"이 털 좀 봐! 내가 못 살아, 정말!"

"그래, 그러다 쫓겨난 거야."

아군이 말했다. 아군의 상상으로 인해 이야기가 약간 꼴을 갖춰가는 느낌이 든다. 그런데 고미는 어째서 그런 기특한 버릇을 갖게 되었을까?

잠시 후 아군이 또 상상을 발휘하기 시작했다.

"원래부터 고미는 떠돌이 개였어. 공원 같은 데서 주인을 잃어버린 거야. 고미는 방황하다가 어느 추운 겨울날 길거리에서 쓰러지고 말았지. 그때 웬 거지가 와서 고미를 구해준 거야."

거지는 겉옷을 벗어 고미를 둘둘 감싸주었습니다.

하지만 거지는 개를 키울 자신이 없었습니다.

그래서 고미를 어느 부잣집 현관 앞에 살짝 내려놓았습니다.

다음 날 아침, 주인집 할머니가 약수터에 가려고 문을 열다가 고미를 발견했습니다.

그때부터 고미는 그 집에서 살게 되었습니다.

그런데 고미에게는 전에 없던 버릇이 생겼습니다.

가만히 있다가도 누가 '춥다'는 말만 꺼내면

자기도 모르게 앞발로 가슴 털을 뽑아내는 것이었습니다.

"아, 그러니까 거지가 겉옷을 벗어서 자기를 살려준 다음부터 고미한테 그런 버릇이 생긴 거구나?"

"그렇지."

아군은 흡족한 표정을 지었다.

차는 이제 자유로를 벗어나 집을 향해 달리고 있다. 어느덧 소풍이 끝나가고 있었다. 아군은 약간 아쉬운 표정을 지었고, 뒷좌석의 네 마리는 먹을 걸 다 먹었는지 다시 난동을 부리기 시작했다.

"오늘 즐거웠어."

나는 진심으로 아군에게 말했다. 그러자 아군이 이렇게 물었다.

"고미는 나중에 어떻게 됐을까?"

"글쎄……."

아군은 뒷좌석의 고미를 물끄러미 쳐다보았다. 고미는 '나 불렀어?' 하는 표정으로 온몸을 탈탈 털기 시작했다.

"야, 털지 마!"

아군이 빽 소리를 질렀다.

집으로 이어진 골목길로 접어들 때 문득 영화감독과 함께했던 술자리가 생각났다. 그는 고미를 안고 술을 마시며 완행열차처럼 천천히, 끝나지 않을 듯 이야기를 이어나가곤 했다. 그러면서 손으로는 연신 고미를 쓰다듬으며 털을 모아 테이블 위에 소복소복 쌓는 것이었다. 털이 어느 정도 쌓이고 나면 그는 마치 모닥불을 지피듯 털을 태웠다. 내가 물끄러미 그 모습을 바라보고 있자니 그가 씩 웃으며 말했다.

"이런 작은 불로도 손을 녹일 수 있지 않을까?"

어쩌면 그가 했던 말이 내 기억 속에 남아 있었는지도 모르겠다. 그래서 고미의 털을 가지고 뭔가 따뜻한 이야기를 만들고 싶었던 것은 아닐까.

집에 도착했다. 하루의 소풍이 모두 끝난 것이다. 세 아이는 고미와의 이별을 아쉬워했고, 아군은 차에서 내려 옷을 탈탈 털며 아이들에게 소리쳤다.

"너희들 옷 벗어서 탁탁 털어야 돼!"

나는 고미를 안고 다시 작업실로 돌아왔다. 고미와 함께 샤워를 하고 다시 책상 앞에 앉았다. 오늘 몫의 일을 다 채우려면 밤을 새워야 할 것 같다. 고미는 여전히 방 안을 뛰어다니며 털을 말리고 있다. 그러거나 말거나 나는 열심히 키보드를 두드리기 시작했다.

새벽 1시쯤 아군으로부터 전화가 걸려왔다.

"저기, 고미 말이야."

"응."

"집에 데려올래?"

털 때문에 질색할 땐 언제고, 이젠 자기가 데리고 자겠단다.

나는 고미를 안고 집으로 달려갔다. 세 아이는 침대에서 쿨쿨 잠들어 있다. 아군은 이미 고미가 누울 자리까지 마련해두었다. 나는 아군의 품에 고미를 안겨주고 다시 작업실로 향했다.

밤새 글을 쓰다가 창문으로 아침 햇살이 쏟아져 들어올 무렵, 나는 방 구석구석을 돌아다니는 털 뭉치를 보았다. 그때 영화감독으로부터 전화가 걸려왔다.

"김형, 고미 돌보느라 고생 많았지? 나 지금 곧 도착하니까 아침 같이 먹자."

나는 고미를 주인에게 돌려보내기 위해 집으로 향했다.

세월이 약간 흘렀다.

고미는 자기를 쏙 빼닮은 새끼를 낳았고, 잔디밭에서 함께 뛰어다니던 세 아이들도 하나둘씩 중학생이 되었다. 그동안 한 차례 이사를 하는 바람에 고미와 아이들은 더 이상 만나지 못했다. 하지만 아이들은 미술시간 때마다 고미를 그리곤 했다. 너무도 짧은 소풍이었지만, 아이들 기억 속에는 그날 하루 잔디밭에서 함께 뛰어놀던 털 많은 강아지가 또렷하게 남아 있는 모양이다.

세월이 흐르고 좀 더 나이가 들면 아군도 나도 하얗게 늙어갈 것이다. 그때쯤이면 더 이상 일에 쫓기지 않아도 되는 시간들이 주어질 것이고, 그럼 어느 노을 좋은 날 우리 부부는 공원 벤치에 앉아 낄낄거리며 농담을 주고받을 것이다. 삶이 주었던 무수한 시간 속에서 우리는 어쩌면 털 많은 어느 강아지와 함께했던 짧은 소풍을 기억하게 될지도 모른다.

고미의 털

고미는 하루 종일 길모퉁이에 서 있었어요.

날이 어두워지고 주인집 창문에 불이 켜지자 고미는 멍멍, 짖기 시작했어요.

그 소리에 이웃집 개들도 덩달아 컹컹, 짖어댔어요.

다른 개들은 모두 집에서 짖고 있지만, 고미는 추운 바깥에서 짖고 있어요.

다른 개들은 모두 주인이 있지만, 고미는 이제부터 떠돌이 개로 살아야 해요.

도대체 고미에게 무슨 일이 생긴 걸까요?

고미는 털북숭이 강아지라 털이 아주 많이 빠졌어요.

자고 나면 주인집 할아버지 머리 위에 러시아 모자처럼 털이 수북이 쌓였죠.

할머니 고무신에도 털이 수북,

두 살짜리 꼬마 발에도 수북수북,

주인아주머니 손에도 수북수북, 수북수북……

"아니, 이 녀석아! 대체 왜 이렇게 털이 많이 빠지는 거야!"

주인아주머니는 아주 질색을 했어요.

그런데 어느 날 두 살짜리 꼬마가 기침을 하더니 피부병까지 걸리고 말았어요.

"이게 다 고미 너 때문이야!"

주인아주머니는 너무 화가 나서 고미를 내쫓아버리고 말았어요.

집에서 쫓겨난 뒤에도 고미는 주인집 식구들이 보고 싶어

하루 종일 길모퉁이에 서 있었던 거예요.

깊은 밤, 하늘에서는 눈이 펄펄 내리기 시작했어요.

고미는 너무 춥고 배가 고파서 무작정 걸었어요.

사람들 발길에 툭툭 채이기도 하고,

커다란 도둑고양이한테 쫓기기도 했어요.

밤은 점점 깊어만 가고, 발이 푹푹 빠질 만큼 눈이 쌓였어요.

고미는 밤늦도록 이리저리 헤매다 어느 골목으로 들어갔어요.

차가운 바닥에 배를 깔고 엎드렸더니 점점 졸음이 왔어요.

꿈속에서 고미는 아직 주인집에 살고 있어요.

주인집에서 살 때 고미는 밤마다 혼자 일어나곤 했어요.

그러고는 할아버지 머리에다 털을 숭숭 뽑아냈어요.

숭숭, 앞발로 가슴 털을 뽑아내고,

숭숭, 뒷발로 겨드랑이 털을 뽑아냈어요.

대머리였던 할아버지 머리가 어느새 멋진 금색 털로 뒤덮였어요.

고미는 할아버지 머리가 시릴까봐 밤마다 털을 뽑아낸 거예요.

다음은 할머니 차례예요.

할머니는 아침마다 약수터에 다녀오곤 했죠.

그때마다 발이 시리다고 중얼거렸지만, 아무도 듣는 사람이 없었어요.

고미는 할머니 고무신에다 털을 숭숭, 숭숭 뽑아냈어요.

하얀 고무신이 어느새 멋진 털신으로 변했어요.

이번엔 아기 차례예요.

아기는 늘 이불을 차는 버릇이 있었어요.

그때마다 작고 앙증맞은 다리가 드러나곤 했죠.

고미는 아기 다리 위에 털을 숭숭, 숭숭 덮어주었어요.

이제 주인아주머니 차례예요.

주인아주머니는 설거지를 할 때도, 청소를 할 때도 고무장갑을 끼지 않았어요.

답답하다고 그냥 맨손으로 하곤 했죠.

그래놓고는 맨날 손이 시리다고 투덜거려요.

고미는 주인아주머니 손 위에 털을 숭숭, 숭숭 뽑아 따뜻하게 덮어주었어요.

그때 주인아주머니의 고함소리가 들려왔어요.

"이 털 좀 봐! 내가 못 살아, 정말!"

고미는 퍼뜩 잠에서 깨어났어요.

눈을 떠보니 주인집이 아니라 춥고 어두운 골목길이었어요.

그런데 가만 보니 골목 끄트머리에 웬 노인이 술에 취해 쓰러져 있지 뭐예요.

잠든 노인 위로 자꾸만 눈이 쌓였어요.

고미는 낑낑거리며 노인 곁으로 다가갔어요.

그러고는 숭숭, 숭숭 털을 뽑아내기 시작했어요.

다음 날 새벽, 노인은 잠에서 깨자마자 깜짝 놀랐어요.

자기 몸 위에 웬 털이 이불처럼 수북수북 쌓여 있었거든요.

"아이고, 고마워라. 누가 이렇게 털을 덮어줬을까?"

노인은 그제야 고미를 발견했어요.

그런데 이게 웬일이죠? 고미 몸에 털이 한 오라기도 안 남은 거예요.

노인은 털 빠진 고미를 품에 안고 외투로 폭 감싸주었어요.

그러고는 어디론가 걸어가기 시작했어요.

"고마운 강아지야, 네가 아니었다면 난 얼어 죽었겠지?

이제부터 내가 널 보살펴주마."

노인이 잠들었던 자리에는 털 뭉치만 수북이 남아 있었어요.

"배려하는 아이로 자라렴."

아가야, 엄마는 고미의 털보다 마음씨가 더 따뜻한 것 같아.

마음씨가 따뜻하다는 건 무슨 뜻일까?

어쩌면 마음이 자기 안에만 갇혀 있지 않고,

남을 향해 활짝 열려 있다는 뜻이 아닐까?

사실 사람은 누구나 남보다는 자기를 먼저 생각하기 마련이야.

하지만 어떤 사람은 자기를 위하는 것만큼 남을 위할 줄도 안단다.

그런 사람은 남들이 어떤 기분을 느끼고 있는지,

또 어떤 마음을 갖고 있는지 아주 잘 알고 있어.

왜냐하면 늘 상대방의 말을 잘 들어주고,

또 이해하려고 노력하거든.

이런 사람들 주변엔 좋은 친구들이 참 많단다.

만약에 주인아주머니가 조금이라도 고미의 입장을 생각해봤다면

그렇게 모질게 쫓아내지는 않았을 거야.

하지만 주인아주머니는 무조건 화부터 내는 바람에

정말 좋은 친구 하나를 영영 잃고 말았어.

이런 걸 보면, 당장 떠오르는 감정에 휘둘리기 전에

한 번만 더 상대방의 입장을 생각하는 습관이 필요한 것 같아.

이런 습관이 점점 쌓이면

고미처럼 배려 깊은 마음을 갖게 되겠지?

마음 똑똑한 아이를 만나기 위하여

아이들이 노는 모습은 다 똑같아 보이지만, 오래 바라보면 유난히 눈길을 끄는 아이가 있습니다. 처음엔 서먹서먹하다가도 나중엔 그 아이 주변으로 또래들이 옹기종기 모여듭니다. 귀를 기울여보면 그 아이는 아마 이런 말을 자주 쓸 겁니다.

"너도 그러니? 나도 그래.", "맞아, 맞아! 나도 똑같은 생각이야.", "그래서 어떻게 됐어? 너무 궁금해!"

상대방의 사소한 말이나 행동에도 세심하게 반응할 줄 알고, 또 그때마다 느낌이 통한다는 것을 일깨워줍니다. 이렇게 몇 차례 감정을 주고받다 보면 어느새 아이들 사이에는 너와 나의 구분이 사라지게 됩니다. 이제 이 아이들은 더 이상 남이 아닙니다. 남이 아닌 아이들은 서로 돕고 의지해가며 자기들 몫의 무거운 짐도 나눌 줄 압니다.

너와 나로 만나 금세 '우리'가 되는 이 신비로운 힘을 우리는 '공감의 힘', '배려의 힘'이라고 부릅니다. 그리고 이성과 논리가 아닌 마음에서 솟아나는 이 능력을 학자들은 '정서지능'이라 부릅니다. 정서지능이 높다는 것은 한마디로 마음이 똑똑하다는 뜻이며, 세상을 살아가는 데 있어 그 어떤 학습능력보다 으뜸가는 능력입니다.

그런데 이런 힘은 도대체 어디에서 싹틀까요?

어쩌면 아이가 누렸던 최초의 대화 속에 그 비밀이 숨어 있을지도 모릅니다. 태어나기 전부터 엄마와 함께 나눴던 '진짜 대화' 말입니다. 언어보다는 감정이, 목소리보다는 감동이 먼저 느껴지는 대화가 바로 진짜 대화일 겁니다. 그래서 태교를 할 때 교훈적인 이야기를 들려주는 것보다는 엄마가 그 이야기 속에 얼마나 정서적으로 몰입할 수 있는지가 더 중요합니다. 왜냐하면 아이는 이야기의 줄거리가 아닌, 엄마로부터 전해지는 마음의 떨림을 먼저 느끼기 때문이죠. 따라서 아이를 가진 엄마들에게는 세상의 모든 것이 태교의 텍스트인 셈입니다.

태아는 엄마의 감정을 통해 배웁니다. 빗소리, 바람소리, 새소리, 꽃향기, 노을……. 엄마가 보고 듣고 누리는 모든 것이 하나의 느낌표에 담겨 아이에게 전해진다고 생각해보세요. 아이는 느낌으로 나누는 대화의 즐거움을 한껏 누릴 수 있을 겁니다. 엄마로부터 즐겁고 행복한 느낌을 보다 자주, 풍요롭게 경험할수록 그만큼 기름진 마음의 토양에서 아이의 '정서적 면역력'이 발달할 수 있겠죠. 정서적 면역력이란, 살아가면서 겪게 될 수많은 부정적 감정으로부터 스스로 마음을 지켜내는 힘입니다. 그러니 행복, 기쁨, 환희, 설렘 같은 좋은 감정을 아낌없이 듬뿍듬뿍 누리세요.

물론 때로는 울적함, 불안, 슬픔, 원망 같은 감정이 밀려올 때도 있겠죠. 비록 좋지 않은 감정일지라도 무작정 억누르기보다는 차분히 앉아서 바라볼 필요가 있습니다. 그리고 배를 쓰다듬으며 이렇게 말해보세요.

"아가야, 지금 엄마가 느끼는 건 불안이라는 감정이란다."

감정의 이름을 분명히 알아차리는 겁니다.

그래야 불안이라는 감정을 마음에서 분리시킬 수 있으니까요.

그 다음, 좋지 않은 감정이 마음에서 점점 멀어지다가 마침내 사라져버리는 모습을 최대한 선명하게 상상해보세요. 어쩌면 그동안 비축해놓은 좋은 감정들이 도움을 줄 수도 있습니다. 이런 과정이 되풀이될수록 태아는 엄마를 통해 정서적 면역력을 키우게 됩니다. 정서적 면역력이 강할수록 부정적인 감정은 마음속에 오래 머물지 못합니다.

정서지능이 높은 아이들은 자기 안에서 느껴지는 다양한 감정을 제대로 인식하고, 그에 따라 어떻게 행동해야 하는지를 스스로 선택할 줄 압니다. 더 나아가 다른 사람의 감정까지도 잘 헤아릴 줄 알죠. 이런 아이들은 몇 마디의 대화만으로도 '느낌이 좋은 아이', '마음이 편안해지는 아이'라는 것을 금방 느낄 수 있습니다.

아이의 이런 능력은 가정에서부터 차곡차곡 다져진 사랑의 결과물입니다. 정서지능이 높은 아이들을 보면 우선 부모, 특히 엄마의 정서지능이 높은 것을 알 수 있습니다. 따라서 진정한 의미의 태교란, 아이가 태어난 이후부터 본격적으로 시작될 육아의 과정을 미리 연습하는 시간이자 아이에게 약속을 다짐하는 시간이라고 할 수 있습니다. 즉 엄마의 정서지능을 키우는 것이 곧 태교인 셈이죠.

만일 '두뇌가 똑똑한 아이'를 위한 노력이 '마음이 똑똑한 아이'를 위한 노력보다 우선시된다면 그것은 앞뒤가 바뀐 것입니다. 각자의 분야에서 제 몫의 성취를 이루며 살아가는 사람들 대부분은 공통적으로 정서지능이라는 훌륭한 밑바탕을 지니고 있기 때문입니다. 이 밑바탕을 처음 다지는 것이 바로 태교의 시작이 되어야 합니다.

　책을 읽거나 영화, 드라마를 볼 때도 교훈적인 요소를 찾으려 애쓰기보다는 등장인물들이 느끼는 감정을 이해하고, 그 인물의 입장이 되어 느껴보세요. 이것은 감정이입 능력과 공감능력을 키우는 과정이며, 훗날 아이에게 가르쳐야 할 내용입니다. 설령 아이를 갖기 전에는 별 생각 없이 말하고 행동했다 하더라도 이제는 상대의 감정을 먼저 살펴보는 과정이 있어야겠죠. 이것은 마음공부와도 같습니다. 그래서 엄마는 하루에 특정 시간을 명상으로 채워야 할 필요가 있습니다.

　태교를 위해 반드시 특별한 책을 읽거나 음악을 들어야 하는 것은 아닙니다. 그보다는 화창한 아침, 편안한 옷을 입고 타박타박 산책을 나가는 편이 좋겠죠.

　손바닥으로 길가의 풀을 쓰다듬으며 천천히 걷습니다. 커다란 나무에 귀를 대 보기도 하고, 놀이터에 깔린 모래를 한 움큼 집어 손가락 사이로 살살 흘려보내기도 합니다. 바닥에 떨어진 낙엽이 어디까지 굴러가나 한참 바라보기도 하고, 벤치에 앉아 눈을 감은 채 들려오는 모든 소리를 하나하나 세어보기도 합니다.

　가능한 한 많이 받아들이고, 많이 느끼세요. 이 모든 순간, 이 모든 느낌은 엄마뿐만 아니라 배 속의 아이도 함께 누리고 있으니까요. 하루에도 몇 번씩 엄마들은 이런 생각이 들 겁니다.

　'아가는 지금 어떤 느낌일까?'

　그럴 땐 그냥 아이가 되어보세요. 아이의 눈과 아이의 마음으로 세상을 흠뻑 받아들이는 겁니다. 지금 이 순간 아이는 엄마의 자궁이 아니라 엄마의 마음속에서 자라고 있습니다.

2

때 로 는 마 음 을
이 겨 야 해

'더 나은 나'로 크는 이야기

새장의 문을 활짝 열어보세요.
온 하늘의 새들이 친구처럼 느껴져요.

마음을 시소에 태워보세요.
어두운 마음은 내려가고, 밝은 마음은 올라가요.

미리 해둔 약속을 날마다 지켜가는 것,
그것은 당신에게 가장 소중한 사랑이 생겼다는 뜻.

구름참새

황제는 세상의 절반을 차지하고도 모자라 영원한 삶을 꿈꾸었습니다.

"병들지 않고, 늙지도 않고, 영원히 젊게 살 수 있는 약초가 있다고 들었다. 그 약초의 이름이 무엇이냐?"

"불로초라고 하옵니다."

황제는 신하들에게 불로초를 구해오라고 명령했습니다. 신하와 병사들은 불로초를 구하기 위해 세상 곳곳으로 흩어졌습니다. 하지만 돌아온 사람은 아무도 없었습니다. 빈손으로 돌아가봤자 벌만 받게 될 테니 모두들 세상을 등진 채 살기로 한 것입니다. 오직 충직한 신하 마요만이 십 년 넘도록 홀로 산과 들을 헤맸습니다.

어느 해 가을, 히말라야의 설산을 오르던 마요는 발을

헛디뎌 까마득한 절벽으로 떨어지고 말았습니다. 구름 속으로 떨어지면서 그는 이렇게 외쳤습니다.

"폐하, 용서하소서!"

하지만 마요는 죽지 않았습니다. 다시 깨어났을 때 그의 눈앞에는 한 소년이 앉아 있었습니다.

"깨어나셨네요. 열흘 밤, 열흘 낮을 주무셨어요."

소년이 말했습니다.

"여긴 어디지? 내가 살아 있는 건가?"

"호수로 떨어져서 천만다행이었죠. 죽은 사람도 되살린다는 성스러운 호수예요."

"고맙구나. 네 이름이 뭐냐?"

"약초꾼 호야라고 합니다."

"약초꾼?"

마요는 호야에게 혹시 불로초를 아느냐고 물었습니다.

"제 아버지와 할아버지, 그리고 할아버지의 할아버지도 불로초를 찾아 세상을 떠돌아다니셨지만 끝내 찾을 수 없었어요. 불로초는 상상 속에만 핀다고 해요."

마요의 몸이 낫자마자 호야는 그에게 마을을 구경시켜주었습니다.

마요는 구름에 가린 히말라야의 깊은 계곡에 이런 마을이 숨어 있을 줄은 상상

도 못했습니다. 설산의 만년설에서 내려온 물이 성스러운 호수에 고이고, 다시 아래로 굽이굽이 흘러 땅을 적시고 마을을 적셨습니다. 나무와 돌로 지은 집들 사이로는 담 대신 물이 흘렀고, 한 굽이마다 크고 작은 돌다리가 놓여 있었습니다. 날이 밝으면 사람들은 집 앞을 흐르는 물가에서 쌀과 채소를 씻고, 손과 얼굴을 씻었습니다. 돌다리마다 장이 열려 옥수수가 필요한 사람은 옥수수 다리로, 상추가 필요한 사람은 상추 다리로 모여들었습니다. 전설에 따르면 이 마을은 사람이 만든 게 아니라 설산의 신이 만들었다고 합니다.

"오랜 옛날, 눈처럼 하얀 옷을 입은 산신께서 성스러운 호수에 씨앗을 뿌렸대요. 그 씨앗들이 물을 따라 한 굽이, 한 굽이 흐르면서 집들이 쑥쑥 자라기 시작했죠."

"재미있는 전설이구나."

마요는 마을이 지닌 매력에 흠뻑 빠졌습니다.

집집마다 문이 활짝 열려 있어 누구나 드나들 수 있었고, 어느 집이건 마당에는 아름다운 꽃밭이 펼쳐져 있었습니다. 꽃을 가꾸는 일은 이 마을 사람들에게 신성한 의무와도 같았습니다. 해가 뜨면 사람들은 세수를 하거나 밥을 짓기 전에 먼저 꽃부터 돌보는 것으로 하루를 시작했습니다. 만일 주인이 집을 비우는 바람에 정원의 꽃송이가 마르거나 시들기라도 하면 누구든 다가가서 물을 주고 잎과 줄기를 정성껏 닦아주었습니다.

"이제 며칠 뒤면 구름참새를 볼 수 있어요. 나리는 정말 때를 잘 맞추신 거예요."

"구름참새라니?"

"한평생 구름 위에서 살다가 일 년에 딱 한 번만 땅으로 내려오는 새랍니다."

　호야는 마을에 대해서 모르는 게 없었습니다. 게다가 나이답지 않게 의젓하고 믿음직스러울 뿐만 아니라 다정하기까지 했습니다. 마요는 이 소년이 점점 좋아졌습니다.

　가을 첫 보름달이 뜬 다음 날이면 마을 사람들은 저마다 새장을 하나씩 들고 구름 너머 산 중턱에 있는 성스러운 호수로 향합니다. 대나무로 만든 새장은 창살만 있을 뿐 문이 달려 있지 않습니다. 사람들은 새장을 호수 위에 띄우고는 한 해의 복을 기원하며 기도를 올립니다. 호숫가에 모여 도란도란 이야기를 나누고 음식을 나눠 먹다 보면, 멀리 구름 속에서 작고 하얀 새들이 하나둘씩 호수 위 대나무 새장으로 내려앉습니다. 해가 저물 무렵, 바람이 호숫가로 불어와 새장을 밀어내면 사람들은 자기 새장을 들고 집으로 돌아갑니다. 구름참새는 열린 새장 밖으로 날아가지 않은 채 자기 짝이 된 사람의 집에서 사흘 밤, 사흘 낮을 노래하다가 나흘째 되는 날 새벽에 일제히 하늘로 날아갑니다.

"구름참새는 세상 어떤 새보다 아름답게 노래한답니다. 그 소리를 꼭 들어보셔야 해요."

"그런데 왜 새장에 문을 달지 않는 거니?"

마요가 물었습니다.

"새장은 새를 가두는 곳이 아니라 새가 쉬는 곳이니까요."

호야의 말에 마요는 잔뜩 호기심이 생겼습니다. 하지만 구름참새보다 더 솔깃한 이야기가 있었습니다. 그것은 이 마을 사람들 대부분이 백 살도 넘게 장수한다는 사실이었습니다. 가장 나이가 많은 노인은 올해 백일흔아홉 살이라고 했습니다.

"그, 그게 정말이냐? 백 년하고도 일흔아홉 해를 더 살고 있다고?"

마요는 심장이 쿵쿵 뛰었습니다. 십 년 넘도록 불로초를 찾아 헤맨 끝에 비로소 결실을 얻게 된 것입니다.

그날부터 마요는 마을 곳곳을 돌아다니며 노인들을 만나 장수의 비결을 묻기 시작했습니다. 어떤 음식과 약초를 먹는지, 또 어떤 차를 마시고 어떤 운동을 하는지도 자세히 캐물었습니다. 하지만 장수의 비결 같은 것은 전혀 발견할 수 없었습니다. 노인들은 그저 아침 일찍 일어나 꽃을 돌보고, 설산에서 흘러내린 차가운 물에 얼굴을 씻은 다음 손수 밥을 지어 먹을 따름이었습니다.

마요가 장수의 비밀을 찾아다니는 동안 설산의 봉우리 위로 가을 첫 보름달이 둥실 떠올랐습니다.

　성스러운 호수 위로 구름참새들이 내려와 노래하기 시작합니다. 구름참새의 노랫소리는 여느 새들과 비교할 수 없을 만큼 아름다웠습니다. 마요는 세상의 온갖 시름을 다 잊게 만드는 그 노랫소리에 흠뻑 취했습니다.

　"온 세상을 다 다녀봤지만 이런 장관은 처음이로구나."

　구름참새들은 호수 위를 날아다니며 끝없이 노래합니다. 그러다 한 마리씩 새장 속으로 늘어가 날개를 접습니다. 호수 위로 노을빛이 깔릴 무렵, 저마다 자기 새장을 들고 돌아가는 사람들의 행렬이 산 아래로 길게 이어졌습니다.

　"호야, 네 새장은 아직 비어 있구나."

　마요가 말했습니다. 호수 위에는 아직 두 개의 새장이 텅 빈 채로 둥둥 떠 있었습니다.

　"또 하나는 누구 꺼지?"

　그때 호숫가에서 한 소녀가 훌쩍이고 있었습니다. 호야는 소녀 곁으로 살며시 다가갔습니다.

　"링링, 아직 새가 오지 않았니?"

　호야가 말을 건네자 소녀는 눈물을 닦으며 고개를 끄덕였습니다.

　"이제 곧 어두워질 텐데 어쩌지? 새가 영영 안 오면 빈손으로 돌아가야 할 거야."

링링은 마치 버림받은 사람처럼 슬픈 표정을 지었습니다.

"링링, 기다려봐."

호야는 호숫가에 서서 하늘을 향해 휘파람을 불기 시작했습니다. 마요는 깜짝 놀랐습니다. 호야의 입에서 구름참새와 똑같은 노랫소리가 흘러나왔기 때문입니다.

잠시 후 어둑어둑해진 하늘 위로 두 마리의 구름참새가 보였습니다. 새들은 호수 위를 마치 연인처럼 다정하게 날아다니더니 비어 있던 두 개의 새장 속으로 살며시 내려앉았습니다. 호야는 새장을 들고 링링에게 다가왔습니다.

"링링, 올해는 너의 새장에서 가장 아름다운 노래가 울려 퍼질 거야."

링링은 새장을 받아들고 활짝 웃었습니다. 호야는 링링이 마을로 내려갈 때까지 한참 동안 바라보았습니다. 날이 어두워지자 호숫가에는 두 사람만 남았습니다. 산속에 있는 호야의 움막으로 걸어가면서 마요가 물었습니다.

"호야, 그 소녀를 사랑하는구나?"

링링은 부족장의 딸입니다. 호야는 아주 어릴 때부터 링링을 마음에 품어왔다고 합니다. 언젠가 혼인할 나이가 되면 링링을 아내로 맞이하는 것이 호야의 꿈입니다. 하지만 아무것도 가진 것 없는, 그저 산속에서 혼자 약초를 캐며 살아가는 약초꾼이 부족장의 딸과 결혼하기란 쉬운 일이 아닙니다. 부족장의 저택 마당에서는 날마다 잔치가 열렸고, 그때마다 수많은 청혼자들이 귀한 선물을 들고 줄을 섰습니다.

호야는 언덕 위에 쓸쓸히 앉아 불 켜진 저택을 바라보며 링링을 생각하곤 했습니다.

마요는 생명의 은인인 호야를 도와주고 싶었습니다. 호야가 잠든 뒤에도 마요는 구름참새의 나지막한 노래를 들으며 늦도록 잠을 이루지 못했습니다.

구름참새는 사흘 밤, 사흘 낮을 쉬지 않고 노래했습니다. 그 사흘 동안 마요는 앞으로 평생 귀가 멀어도 아쉽지 않을 만큼 아름다운 노래를 들었습니다. 구름참새가 지상에서의 시간을 하루 남겨둔 날 밤, 마요는 호야에게 말했습니다.

"황제께서는 새소리를 무척 사랑하신단다. 날마다 궁궐 담 밖에서 노인들이 새장을 들고 서서 황제께 새소리를 들려주곤 하지. 허나 그 어떤 새소리도 구름참새만큼 아름답진 않아. 네가 만일 구름참새를 황제께 바친다면 평생 만져보지 못할 보물을 얻게 될 게다."

"하지만 구름참새는 내일이면 하늘로 돌아갈 거예요."

"한 마리만, 딱 한 마리만 황제를 위해 남겨둘 순 없을까?"

그날 밤은 호야에게 무척 길고 무거웠습니다. 마요가 잠든 뒤에도 호야는 구름참새의 노래를 들으며 깊은 생각에 잠겼습니다.

동이 틀 무렵 호야는 꿈에도 상상하지 못할 일을 저질렀습니다. 대나무로 만든 새장에 문을 달아 고리로 잠가버린 것입니다. 호야는 새 한 마리를 새장에 가두는 일이 이토록 쉬울 줄은 정말 몰랐습니다.

구름참새는 날이 밝아서야 하늘을 향해 구슬피 울었습니다. 하늘 위로는 수많은 구름참새들이 원을 그리며 나머지 한 마리를 애타게 기다리고 있었습니다. 하지만 해가 뜨자 새들은 긴 울음소리만 남긴 채 구름 너머로 사라졌습니다.

그로부터 며칠 뒤 설산 계곡의 거친 강물 위로 두 사람의 그림자가 드리워졌습니다. 마요는 성스러운 호수의 물을 호리병에 담아 봇짐 속에 넣었고, 호야는 새장을 들었습니다. 마요는 호수의 물이 비록 장수의 효능을 갖고 있진 않더라도 몸에 좋은 약수임에는 틀림없을 거라고 믿었습니다.

'불로초를 구하진 못했지만 그래도 이 물과 새를 바친다면 너그러이 받아주실 게야.'

강을 건너려면 상류를 향해 꼬박 하루를 걸어야 했습니다.

두 사람이 마을의 경계에 섰을 즈음, 뒤에서 누군가 애타게 외치는 소리가 들렸습니다.

"링링!"

호야는 새장을 내려놓고 링링에게 달려갔습니다. 링링은 호야를 보자마자 팔을 꽉 붙잡고 소리쳤습니다.

"호야, 가지 마! 가면 안 돼!"

"링링, 난 가야 해. 너를 얻으려면 강을 건너야 해. 돌아오면 약초꾼이 아니라 부자가 되어 있을 거야."

"부자가 아니어도 난 너랑 살 거야."

"어른들은 그렇게 생각하지 않아. 조금만 기다려줘."

"호야, 너도 알잖아. 이 강을 건넌 사람은 아무도 돌아올 수 없어."

"난 꼭 돌아올 거야."

호야는 울고 있는 링링을 강변에 남겨둔 채 마요의 뒤를 따랐습니다. 링링은 두 사람의 모습이 구름에 가릴 때까지 강변을 떠나지 못했습니다.

호야는 태어나서 처음으로 계곡의 강을 건넜습니다. 그래서 강을 건넌 뒤부터 눈앞에 펼쳐진 모든 것이 처음이었습니다. 두 사람은 절벽의 잔도를 지나 구름에 가린 산들을 끝도 없이 넘었습니다.

떠난 지 석 달째 되는 날, 호야는 드디어 사람이 사는 마을로 들어섰습니다. 객잔에서 잠을 자고 주막에서 밥을 먹을 때마다 마요는 주인들에게 마패를 보여주었습니다. 마패에는 황제의 신하라는 표시가 새겨져 있어 그 누구도 두 사람을 함부로 대하지 못했습니다.

설산을 떠난 지 반년이 걸려 마침내 궁에 도착하자 병사들이 두 사람을 황제 앞으로 데려갔습니다. 마요는 호리병을 바쳤고 호야는 새장을 바쳤습니다. 황제는 앉은 자리에서 호리병의 물을 따라 마신 뒤 구름참새의 노래를 들었습니다. 궁에 모인 신하들은 물론 궁 밖을 지키던 병사들마저 새소리에 넋을 잃었습니다.

황제는 호야에게 귀한 비단과 보물을 내리고 일

주일 동안 궁에서 쉬게 해주었습니다. 호야에게 그 일주일은 천국에서의 시간만큼 황홀했습니다. 하지만 밤하늘에 울려 퍼지는 구름참새의 노래를 들을 때마다 링링의 얼굴이 떠올랐습니다.

호야가 궁을 떠나던 날 마요는 아끼던 말을 건네주며 말했습니다.

"돌아가면 너는 마을에서 가장 부유한 사람으로 살 수 있을 게다. 부디 링링을 아내로 얻어 행복하게 살기 바란다."

마요는 성스러운 호수에서 보낸 시간을 평생 잊지 못할 거라는 말도 덧붙였습니다. 호야는 마요에게 큰절을 올린 뒤 말 위에 올라탔습니다. 호야가 황제의 도시를 떠날 때도 궁궐의 하늘 위로 구름참새의 노래가 끊이지 않았습니다.

호야는 구름 따라 끝없이 길을 갔습니다. 구름이 멈춰야만 끝나는 긴 여행이었습니다. 고향으로 향하는 호야의 마음속에는 오로지 링링의 얼굴만 가득 차 있었습니다.

마을을 떠난 지 일 년 만에 다시 돌아온 약초꾼 호야를 보기 위해 사람들이 모여들었습니다. 하지만 호야는 더 이상 그들이 알던 약초꾼이 아니었습니다. 비단 옷에 금은보화를 가득 싣고 마을로 들어서는 그 소년은 이제 그 누구도 함부로 대할 수 없을 만큼 귀한 존재가 되었습니다.

호야는 곧장 부족장의 저택으로 향했습니다. 그러고는 보물들을 고스란히 부족장에게 바친 뒤 큰절을 올렸습니다. 그러나 부족장은 흰 수염을 쓸어내리며 근심

스런 표정을 지었습니다.

"구름참새와 맞바꾼 것이 고작 이 보물이더냐?"

"그렇습니다."

"너는 가질 수 없는 것을 탐했고, 맞바꿀 수 없는 것으로 거래를 하였다. 장차 이 마을에 어떤 재앙이 닥칠지 너는 아느냐?"

"재앙이 아니라 부귀영화가 닥칠 겁니다."

"어리석구나. 너는 결코 돌아오지 말았어야 했다. 내 딸은 너의 아내가 될 수 없다."

호야는 앞이 캄캄해졌습니다. 멀리서 이 모습을 지켜보던 링링도 깊은 한숨을 내쉬었습니다.

'보물이 부족해서일까?'

호야는 보물을 다시 말 위에 싣고 부족장의 저택을 떠났습니다.

'이대로 포기할 순 없어. 기필코 링링을 아내로 맞이할 테야.'

호야는 주먹을 꽉 쥐고 밤하늘을 쳐다보았습니다. 설산 봉우리의 높은 하늘 위로 그해 가을 첫 보름달이 떠오르고 있었습니다.

호야는 대나무 줄기로 새장을 만드느라 밤을 꼬박 새다시피 했습니다.

'부족장의 마음을 사려면 더 많은 보물이 필요해.'

더 많은 보물을 얻으려면 더 많은 구름참새를 잡아야 하고, 그러자면 더 많은 새장이 필요합니다. 날이 밝자마자 호야는 대여섯 개의 새장을 짊어진 채 성스러운 호수로 향했습니다. 하지만 호숫가에는 이미 수많은 사람들이 구름처럼 모여 있었습니다. 그들 모두 구름참새를 기다리고 있었지만, 속마음은 예전 같지 않았습니다. 새장에는 하나같이 문이 달려 있었고, 심지어 그물을 들고 기다리는 사람도 있었습니다. 호야는 들고 있던 새장을 떨어뜨리고 바닥에 털썩 주저앉고 말았습니다. 그는 마을에 재앙이 닥칠 거라던 부족장의 말이 무슨 뜻인지 그제야 깨달았습니다.

성스러운 호수에는 그 어느 때보다 많은 사람들이 모여 있었지만 구름참새는 나타나지 않았습니다. 사람들은 새가 영영 내려오지 않을까봐 걱정했습니다. 그때 누군가 하늘을 가리키며 소리쳤습니다.

"구름참새다!"

수많은 새들이 구름을 뚫고 내려오기 시작했습니다. 사람들은 그물을 번쩍 치켜들며 환호했습니다. 하지만 구름참새들은 하늘 위에서 맴돌기만 할 뿐 호수 위로는 좀처럼 내려앉지 않았습니다. 성미 급한 사내들이 그물을 던져보았지만 그때마다 새들은 점점 더 높이 날아올랐습니다.

해가 서서히 기울고 노을이 지기 시작하자 사람들은 한숨을 쉬었습니다. 호수 위에는 텅 빈 새장만 둥둥 떠 있었습니다. 구름참새들은 마지막으로 호수 위를 한 바퀴 맴돌고는 끝내 구름 속으로 사라지고 말았습니다. 호숫가에 모여 있던 사람들은 새장을 내버려둔 채 허탈한 표정으로 돌아섰습니다.

호야는 멀찌감치 떨어져 앉아 산 아래로 사라지는 행렬을 물끄러미 지켜보았습니다. 그때 갑자기 어디선가 구름참새의 노랫소리가 들려왔습니다. 아직 채 떠나지 못한 구름참새 한 마리가 호야의 머리 위에서 맴돌고 있었습니다. 고개를 들어 구름참새를 뚫어지게 쳐다보던 호야는 가슴을 찌르는 듯한 아픔을 느꼈습니다. 머리 위를 날고 있는 구름참새는 일 년 전 링링의 새장으로 날아들었던 바로 그 새였습니다. 호야의 새장에 갇혀 멀리 사라진 짝을 찾아 구슬피 울고 있는 것이었습니다.

"아아, 내가 몹쓸 짓을 했구나!"

호야는 하늘을 향해 울부짖었습니다.

호수 위로 어둠이 깔릴 즈음, 구름참새는 세상에서 가장 슬픈 노래를 부르며 설산 너머로 사라졌습니다. 그것이 지상에 머물렀던 구름참새의 마지막 모습이었습니다. 호숫가에는 호야의 울음소리만 남았습니다.

세월이 흘렀습니다. 황제 곁에서 평생을 보낸 마요의 머리카락도 이제 설산의 만년설처럼 하얗게 변했습니다. 마요는 죽기 전에 단 한 번이라도 성스러운 호수를 다시 보는 게 소원이었습니다.

어느 해 여름, 그는 여러 하인을 이끌고 설산으로 향했습니다. 구름이 멈춰야만 끝나는 긴 여행이었습니다. 튼튼한 말들이 번갈아가며 쉬지 않고 마차를 끌었습니다.

마요가 설산의 계곡 마을에 도착한 것은 가을 첫 보름달이 뜨기 전이었습니다. 하지만 눈앞에 펼쳐진 풍경은 그가 알던 마을의 모습과는 전혀 달랐습니다. 집들은

낡아 부서지고, 마을을 휘감고 흐르던 물길도 모두 말라 먼지바람만 쓸쓸히 날리고 있었습니다. 사람의 흔적은 어디에도 보이지 않았습니다.

"너희들은 흩어져서 사람을 찾아보도록 하라."

마요는 그 누구도 아닌 호야를 찾고 있었습니다. 하지만 하인들은 아무도 찾아내지 못했습니다.

'찾아오지 말았어야 했다. 마음속에만 품고 있어야 했어.'

마요의 주름진 볼 위로 눈물이 흘러내렸습니다.

마요는 말을 돌려 호수로 향했습니다. 호수가 가까워지자 멀리서 구름참새의 노랫소리가 들려왔습니다. 마요의 가슴이 뛰기 시작했습니다. 그러나 그 노랫소리의 주인은 구름참새가 아니었습니다. 말라버린 호숫가에 웬 소년이 홀로 앉아 하늘을 향해 휘파람을 불고 있었습니다. 그 소년이 바로 호야라는 사실을 마요는 가까이 다가가서야 알았습니다. 그는 믿을 수가 없었습니다.

"호야, 어떻게 된 거냐? 너는 전혀 변하지 않았구나!"

호야는 예전과 똑같이 앳된 얼굴을 하고 있었습니다. 그러나 목소리는 이미 노인의 것이었습니다.

"저는 벌을 받았습니다. 늙지 않고 영원히, 끝없는 슬픔 속에서 살아야 하는 벌입니다."

"도대체 무슨 일이 있었던 게냐?"

호야는 마요에게 가슴 아픈 이야기를 들려주었습니다. 더 이상 구름참새가 내려오지 않게 되자 마을의 물길이 모두 막히고 사람들이 병들기 시작했습니다. 사람들이 하나둘씩 떠나고, 마지막으로 링링마저 호야를 떠나자 마을은 빠르게 허물어졌습니다.

"너는 왜 안 떠났느냐?"

"구름참새를 기다려야 하니까요."

호야는 고개를 들어 어두운 하늘을 바라보았습니다. 그리고 잠시 후 혼잣말처럼 이렇게 말했습니다.

"새장에 문을 달고, 그 문을 잠그는 게 그토록 쉬운 일인 줄은 몰랐습니다. 하지만 그 쉬운 일 하나가 이렇게 큰 재앙을 불러왔습니다. 저는 너무 늦게 알았습니다. 옛 조상들이 왜 새장에 문을 달지 않았는지를."

구름참새

멀리, 구름 너머 저 멀리,

눈 덮인 산속에 참 아름다운 마을이 있었어요.

집 앞으로는 아기 눈동자처럼 맑은 물이 졸졸 흐르고,

마당에는 언제나 예쁜 꽃들이 활짝 피어 있었죠.

이 마을에는 일 년에 한 번씩 구름참새들이 내려왔어요.

세상에서 제일 아름답게 노래하는 새들이에요.

마을 사람들은 구름참새가 푹 쉴 수 있게

대나무로 멋진 새장을 만들어주었어요.

새장에는 문이 없어서 새가 마음대로 들락날락할 수 있었죠.

구름참새들은 새장 안에서 아름답게 노래하다가

사흘이 지나면 다시 하늘로 돌아가곤 했어요.

"잘 가라, 구름참새야! 내년에 또 만나자꾸나!"

사람들은 구름참새를 너무너무 사랑했어요.

이 마을 뒷산에는 약초꾼 호야가 살고 있었어요.

산에서 혼자 약초를 캐며 살아가는 소년이었죠.

호야는 누구보다 이 마을을 사랑하고, 구름참새를 사랑했어요.

하지만 무엇보다 호야가 제일 사랑한 건 링링이었어요.

링링은 눈처럼 하얗고 호수처럼 맑은 소녀였죠.

호야는 링링을 아내로 맞아 오래오래 행복하게 살고 싶었어요.

그런데 한 가지 커다란 걸림돌이 있었어요.

링링은 마을에서 제일 큰 부잣집 딸이었고,

호야는 가난한 약초꾼에 지나지 않았거든요.

링링의 집 앞에는 언제나 부잣집 신랑감들이 줄을 섰어요.

"하지만 난 아무것도 가진 게 없잖아."

호야는 날마다 링링의 집을 바라보며 슬퍼했어요.

어느 날, 마요라는 사람이 산길을 헤매다 호수에 풍덩 빠지고 말았어요.

그때 호야가 물에 뛰어들어 마요를 구해냈어요.

"네 덕분에 목숨을 건졌구나. 너는 내 생명의 은인이야."

사실 마요는 황제의 신하였어요.

황제를 위해 불로초를 찾아 헤매다 여기까지 온 거예요.

호야는 마요에게 마을을 구경시켜주었어요.

마침 구름참새가 내려올 때라 구경할 게 아주 많았죠.

"정말 아름답구나, 이곳은 세상에서 가장 아름다운 마을이야!"

마요는 이 마을과 구름참새에 온통 마음을 빼앗겼어요.

그런 어느 날, 마요가 호야에게 말했어요.

"황제는 새소리를 무척 사랑하신단다.

만일 황제에게 구름참새를 바친다면 큰 선물을 내려주실 거야."

호야는 귀가 솔깃해졌어요.

하지만 황제에게 갖다 바치려면 구름참새를 새장에 가둬야만 하잖아요.

호야는 밤새 고민했어요.

마침내 호야는 새장에 문을 달아 구름참새를 가두고 말았어요.

그러고는 새장을 들고 마요와 함께 먼 길을 떠났어요.

호야는 오랫동안 큰 강을 건너고 높은 산을 넘었어요.

그렇게 반년 동안 걸어서 겨우겨우 황제가 사는 궁궐에 도착했어요.

황제는 구름참새의 노랫소리를 무척 좋아했어요.

"여봐라, 이 소년에게 보물을 내주어라!"

평생 부자로 살아갈 수 있을 만큼 귀하고 값진 보물이었어요.

호야는 말 위에 보물을 가득 싣고 고향으로 돌아갔어요.

가난한 약초꾼이 부자가 되어 돌아왔으니 다들 깜짝 놀랐겠죠?

하지만 링링의 아버지는 보물을 받지 않았어요.

그리고 호야 때문에 마을에 슬픈 일이 생길 거라고 했어요.

도대체 왜 그런 말을 했을까요?

그해 가을, 구름참새가 내려오는 날이었어요.

사람들은 구름참새를 잡으려고 새장에 문을 달고 그물까지 쳤어요.

구름참새를 황제에게 갖다 바치면 보물을 얻을 수 있으니까요.

하지만 구름참새는 하루 종일 공중에서만 맴돌다

하늘 저편으로 다시 사라지고 말았어요.

구름참새가 모두 떠난 뒤부터 마을은 변해가기 시작했어요.

맑고 푸른 물은 점점 말라가고, 모래바람만 세차게 불어왔어요.

사람들은 하나둘씩 마을을 떠나고,

사랑하는 링링마저 영영 떠나고 말았어요.

이제 마을에는 호야 혼자만 남았어요.

"구름참새야, 미안해! 제발 다시 돌아와줘!"

호야는 날마다 호숫가에서 구름참새를 기다리며 눈물을 흘렸어요.

"참을 줄 아는 아이로 자라렴."

새장에 문이 없으면 어떻게 될까?

아마 새들이 도망치겠지?

하지만 새들이 다시 돌아올 수도 있을 거야.

왜냐하면 새장이 늘 열려 있으면 친구가 될 수 있거든.

이 마을 사람들은 구름참새를 정말 사랑했기 때문에

새장에 가두지 않았던 거야.

새장의 문을 닫으면 '새 한 마리'를 얻을 수는 있어도 친구는 얻을 수 없잖아.

하지만 호야는 그 생각을 못했나봐.

구름참새 한 마리로 큰 부자가 될 거라고 생각했지만,

결국은 모든 것을 다 잃게 됐잖아.

이런 걸 두고 옛날 사람들은 이렇게 말했단다.

"작은 것을 탐하다가 오히려 큰 것을 잃는다."

그런데도 사람들은 가끔 작은 것에 욕심을 내다가 큰 것을 잃곤 해.

왜 그런 걸까?

처음엔 사람이 욕심을 내지만, 나중엔 욕심이 주인 노릇을 하기 때문이야.

욕심이 주인 노릇을 하면 사람은 제대로 생각할 수 없게 되고,

점점 더 큰 실수를 하게 된단다.

그래서 욕심이 생기면

'아, 내가 욕심을 내고 있구나!' 하고 재빨리 알아챌 수 있어야 해.

그래야 욕심이 주인 노릇 하는 걸 막을 수 있으니까 말이야.

호야는 나중에 이렇게 말했어.

"새장의 문을 잠그는 게 그렇게 쉬울 줄은 몰랐어요."

하지만 쉬운 일이 언제나 좋은 일만은 아닌 것 같아.

아가야, 엄마도 이 생각을 꼭 잊지 않을게.

눈으로 지은 성

겨울만 되면 온통 눈으로 뒤덮이는 마을이 있었습니다. 첫눈이 내리면 이듬해 봄까지 녹지 않고, 그 위로 또 눈이 쌓이고 쌓입니다. 사람들은 눈이 올 때마다 어린아이부터 노인들까지 모두 몰려나와 눈사람을 만듭니다. 그래서 겨울만 되면 이 마을은 구석구석까지 하얀 눈사람으로 북적북적해집니다.

마을에서는 제일 잘 만든 눈사람을 뽑아 상을 내렸습니다. 수상자에게는 마을의 장인이 손수 만든 눈썰매가 주어지고, 눈사람은 겨우내 마을 광장에 전시됩니다.

그해 겨울의 수상자는 외톨이 거지 소년입니다. 작은 체구에 말수도 적고, 늘 혼자 떠돌아다니는 거지 소년이 상을 받자 모두들 깜짝 놀랐습니다.

소년이 만든 눈사람은 투구를 쓰고 창과 방패를 든 채 먼 곳을 바라보는 어느 영웅의 조각상입니다. 그리스 신화에서 보았던 여러 인물이 소년의 상상력을 거쳐 그 한 작품에 다 들어간 듯 보는 각도에 따라 누구는 헤라클레스를, 누구는 오디세우스나 아킬레스를 떠올렸습니다. 보잘것없는 거지 소년이 이토록 훌륭한 작품을 만들 줄은 그 누구도 상상하지 못했던 일입니다. 이 눈사람 덕분에 소년은 더 이상 떠돌이 거지가 아닌 어린 예술가로 대접 받게 되었습니다.

동이 틀 무렵, 소년은 늙은 개 라르고가 끄는 썰매에 올라 힘차게 눈길을 달렸습니다. 눈 덮인 마을 광장을 맴돌며 자신의 작품을 감상할 때마다 소년의 가슴은 자부심으로 가득 찼습니다.

'겨울은 아직 한참 남았고 그사이 눈은 더 많이 쌓이겠지.'

소년은 안주머니에서 낡은 책 한 권을 꺼냈습니다. 아주 어릴 때부터 늘 지니고 다니던 『그리스 신화』입니다. 신화에 나오는 수많은 신과 영웅을 상상할 때마다 소년은 손이 근질근질해지곤 합니다. 겨울이 끝날 때까지 소년은 계속해서 신화 속 주인공들을 눈으로 빚고 싶었습니다.

소년이 이런 생각을 하고 있는 동안 늙은 개 라르고는 발길 닿는 데로 이리저리 썰매를 끌었습니다.

라르고는 소년이 구걸을 하던 중에 만난 개입니다. 그땐 늘 배가 고팠지만 이제 마을 사람들은 소년을 볼 때마다 기꺼이 먹을 것을 나눠주었습니다. 라르고는 썰매에 이불과 음식, 그리고 어린 주인까지 태웠지만 힘들어 하는 기색 없이 힘차게 내달렸습니다. 눈앞에는 하얀 산길이 길게 이어졌고, 소년은 또 다른 작품을 상상하며 꾸벅꾸벅 졸기 시작했습니다. 이것이 소년의 첫 번째 실수였습니다.

◆◆◆

'여긴 어디지?'

처음 와보는 곳이었습니다.

촘촘히 우거진 가시나무 사이로 언뜻언뜻 새하얀 조각상들이 눈에 띄었습니다.

'저게 뭘까?'

소년은 썰매에서 내려 한 걸음, 두 걸음 숲으로 들어섰습니다. 낯선 곳에 대한 두려움보다는 호기심이 더 컸습니다. 차갑고 뾰족한 가시들이 손등과 볼을 찌르고 할퀴었지만, 소년은 이미 새하얀 조각상에 온통 마음을 빼앗기고 말았습니다.

그것은 눈으로 빚은 조각상이었습니다. 소년이 만든 눈사람과는 비교할 수 없을 만큼 멋진 조각상들이 마치 축제라도 벌이듯 화려하게 늘어서 있었습니다.

소년은 그중에서도 가장 아름다운 조각상 앞으로 천천히 다가갔습니다. 모나리자처럼 신비롭고 마리아처럼 성스러운 여인의 모습이었습니다. 너무도 아름답고 완벽한, 요정의 지팡이만 살짝 닿아도 금방 살아날 것 같은 그 조각상 앞에서 소년은 감동과 질투, 그리고 절망을 한꺼번에 느꼈습니다.

'난 죽어도 이런 눈사람은 못 만들 거야.'

곧이어 두려움이 몰려왔습니다.

'마을 사람들이 이 조각상을 알게 되면 어떡하지?'

아마 광장에 세워진 소년의 눈사람 따위는 금세 뒷전으로 밀려나고 말 겁니다. 소년은 고개를 세차게 저었습니다. 다음 순간, 소년은 자기도 모르게 손을 확 뻗었습니다. 이것이 소년의 두 번째 실수였습니다.

여인의 조각상을 있는 힘껏 떠밀면서도 소년은 자신이 무슨 짓을 하는지 깨닫지 못했습니다. 조각상이 바닥에 부딪혀 산산이 부서지자 소년은 이미 제정신이 아닌 듯 나머지 조각상마저 닥치는 대로 부쉈습니다.

그때 라르고가 미친 듯이 짖어대기 시작했습니다. 갑자기 어디선가 크고 하얀 야수가 괴성을 지르며 달려오고 있었습니다. 소년은 도망쳤습니다. 하지만 야수는 순식간에 소년을 쓰러뜨리고는 거칠게 멱살을 쥐었습니다.

하얀 털로 뒤덮인 야수의 얼굴을 보는 순간, 소년은 온몸이 굳어버렸습니다. 주인을 구하기 위해 몸을 날리던 라르고도 야수의 주먹 한 방에 나동그라지고 말았습니다. 야수는 소년의 멱살을 꽉 쥔 채 주먹을 높이 치켜들었습니다. 소년은 눈을 질끈 감았습니다. 하지만 잠시 후 소년의 볼에 닿은 것은 주먹이 아니라 눈물방울이었습니다.

야수의 눈에서 눈물이 한 방울, 두 방울 소년의 볼 위로 떨어졌습니다. 소년은 그 눈물방울이 너무도 뜨겁고 아팠습니다. 눈물이 주먹보다 아플 수 있다는 것을 소년은 처음 알았습니다.

바로 그 순간, 야수의 등 뒤로 안개와 눈보라가 걷히더니 세 개의 거대한 눈 기둥이 모습을 드러냈습니다. 소년은 그 놀라운 광경에 넋을 잃고 말았습니다. 곧이어

사방을 에워싸고 있던 가시나무숲이 쩍쩍 얼어붙기 시작했습니다. 뾰족한 가시들은
날카로운 얼음송곳으로, 숲은 거대한 얼음벽으로 변했습니다.

"너는 스스로 저주에 걸린 거야."

야수의 말이 끝나기가 무섭게 부서진 눈 조각상들 위로 하얀 눈보라가 몰아치
더니 아름다운 여인이 나타났습니다. 소년은 부서진 여인상이 되살아난 줄만 알았
습니다.

곧이어 여인의 입에서 얼음처럼 소름끼치는 목소리가 흘러나왔습니다.

"너는 이제 이 숲의 노예, 시간의 노예, 그리고 나의 노예로 살아야 한다. 성을
완성하기 전까지 결코 숲을 벗어날 수 없다."

여인은 그 말만 남긴 채 다시 눈보라와 함께 사라졌습니다. 야수는 한 손으로
소년을 번쩍 들어 올렸습니다.

"너는 이제 얼음 숲에 갇힌 거야. 내가 저 마녀의 저주에 갇힌 것처럼."

그러고는 소년에게 짐승 털로 만든 장갑을 툭 던졌습니다.

"눈덩이부터 굴려라."

그 뒤로 세월이 얼마나 흘렀는지 알 수 없습니다. 시간도, 계절도 모두 멈춰버
린 얼음 숲에서는 늘 똑같은 일만 끝없이 되풀이되었습니다. 소년은 눈덩이를 굴려
벽돌을 만들고, 야수는 그 벽돌을 짊어진 채 계단을 오르내렸습니다. 그러는 동안

얼음 숲 한가운데에는 어느새 여섯 개의 눈 기둥과 네 개의 벽이 생겼습니다.

소년은 성벽의 높이만으로 시간의 흐름을 짐작할 따름이었습니다. 눈뭉치를 다듬어 벽돌 하나를 쌓고 나면 그것이 곧 하루였습니다. 처음엔 눈덩이를 벽돌 모양으로 다듬는 데만 꼬박 사흘이 걸렸습니다. 야수는 소년이 하루치의 노동을 끝내지 않으면 이글루 안으로 들어오지 못하게 했습니다. 하지만 소년은 이글루 안에서 야수와 함께 있는 시간보다 차라리 칼바람 부는 바깥이 더 나았습니다.

소년은 밤이 깊도록 일을 하다가 야수가 잠든 뒤에야 지친 몸을 이끌고 이글루 안으로 들어갔습니다. 늙은 개 라르고가 낑낑거리며 뒤따르곤 했지만 소년은 매번 발길질을 해댔습니다.

"저리 가!"

소년은 자신을 얼음 숲으로 끌고 온 라르고를 용서할 수 없었습니다. 어린 주인으로부터 버림받은 개가 밤새 눈을 맞으며 긴 울음을 우는 동안 소년은 야수의 침대에서 멀찌감치 떨어져 앉아 딱딱한 빵을 수프에 적셔 먹었습니다.

라르고를 향한 미움과 야수에 대한 두려움이 커질수록 숲을 에워싼 얼음벽은 점점 더 단단해졌습니다. 그리고 야수가 소년에게 벌을 내릴 때마다 마녀는 만족스럽다는 듯 차가운 미소를 지으며 회오리바람과 함께 얼음 숲을 날아다니곤 했습니다.

소년은 한동안 필사적으로 탈출을 시도했습니다. 삽으로 구멍을 뚫어보기도 하고 밧줄을 길게 던져 얼음벽을 타보기도 했습니다. 하지만 얼음벽은 상상할 수 없을 만큼 높고 단단했습니다. 탈출을 시도할 때마다 소년은 번번이 야수에게 들켜 차가운 눈 기둥에 꽁꽁 묶인 채 눈보라를 맞아야 했습니다.

어떤 날은 밤새도록 야수가 울부짖는 소리를 들어야 할 때도 있었습니다. 그 소리를 듣고서야 소년은 야수도 자기처럼 저주에 걸렸다는 사실을 알게 되었습니다. 야수가 어떤 잘못으로 마녀의 미움을 샀는지는 알 수 없었지만, 성을 다 짓기 전까지는 인간의 모습으로 되돌아갈 수 없었습니다.

날이 밝으면 야수와 소년은 입을 꾹 다문 채 성 쌓는 일에만 몰두했습니다. 서로 마음은 달라도 마녀의 저주에서 벗어나려는 몸부림만큼은 같을 수밖에 없었습니다. 어린 주인이 성을 쌓는 동안 라르고는 하루 종일 얼음벽 주위만 맴돌았습니다. 멈춘 시간 속에서 라르고 역시 늘 하던 대로 얼음벽만 부질없이 파헤치며 시간을 보냈습니다.

야수와 소년이 날짜 세는 법을 잊은 채 고된 노동을 반복해가는 사이 얼음 숲 밖으로는 어느새 십 년이란 세월이 흘렀습니다. 세월이 흘러도 성장이 멈춘 소년의 키와 야수의 흉한 얼굴은 변함이 없었습니다. 얼음 숲 안에서 변하는 것은 오로지 성벽의 높이뿐이었습니다.

야수와 소년이 쌓고 있는 성은 건물과 종탑, 그리고 망루와 계단까지 모두 실제의 성과 똑같았습니다. 야수는 큰 덩치와 괴력만큼 뛰어난 건축 솜씨를 지녔습니다. 그가 성벽을 타고 올라가 건물 외벽에 문양을 새길 때마다 소년의 입에서는 감탄이 절로 새어나왔습니다.

'저주에 걸리기 전에는 도대체 어떤 사람이었을까?'

궁금했지만 물어볼 용기는 없었습니다. 그 대신 소년은 야수의 손놀림을 훔쳐보며 성 쌓는 법과 문양 새기는 법을 조금씩 익혀나갔습니다.

늦은 밤에도 소년은 혼자서 눈덩이를 요리조리 다듬어가며 야수의 조각을 흉내 내곤 했습니다. 타고난 재능과 무한정 주어진 시간 덕분에 소년의 실력은 성과 함께 나날이 쌓여갔습니다.

그런 어느 날 야수가 자리를 비운 사이, 소년은 성벽에 매달려 문양을 새기기 시작했습니다. 야수에게 들키면 무슨 일을 당할지 뻔히 알았지만, 밤새도록 눈 기둥에 묶이는 한이 있더라도 꼭 해보고 싶었습니다.

성벽의 문양은 신화에 나오는 메두사의 모습이었습니다. 사각사각 눈을 조각해가는 동안 소년은 자신이 얼음 숲에 갇혀 있다는 사실조차 까맣게 잊은 채 점점 그 일에 빠져들었습니다. 새김질이 다 끝난 뒤 야수의 조각과 자신의 조각을 번갈아보던 소년은 만족스러운 듯 미소를 지었습니다. 그때 등 뒤에서 인기척이 느껴졌습니다. 언제 왔는지 야수가 무시무시한 표정으로 소년을 노려보고 있었습니다. 소년은 눈을 질끈 감으며 생각했습니다.

'오늘 밤도 기둥에 묶이겠구나.'

하지만 웬일인지 야수는 아무 말 없이 성벽 위로 올라가 일을 하기 시작했습니다.

그 일 이후 야수의 행동에 조금씩 변화가 생겼습니다. 성벽이나 계단에서 조각상을 빚다가도 늘 한두 개씩 남겨놓는 것이었습니다. 야수가 남겨놓은 부분을 완성하는 것은 소년의 몫이었습니다. 둘 사이에 말은 오가지 않았지만 마치 약속이나 한 듯이 그런 일이 계속 이어졌습니다.

서쪽 성벽에 망루를 세운 뒤 기둥마다 작은 무늬를 새기던 날, 야수는 소년에게 자신의 나무칼을 건네주었습니다. 소년은 떨리는 손으로 칼을 받아들고는 무늬를 새기기 시작했습니다.

"둥글게 모양을 낼 때는 손목에 힘을 빼야 한다."

야수가 말했습니다. 소년은 숨을 죽인 채 조각에만 몰두했습니다. 서쪽 망루에 이어 동쪽 망루를 시작할 때는 처음부터 소년이 모든 기둥을 다듬었습니다.

쉴 새 없이 몰아치던 눈보라가 잠잠해지기 시작한 것도 그 무렵이었습니다. 얼음 숲에도 모처럼 평화로운 기운이 감돌았습니다.

하루하루가 거듭될수록 소년의 솜씨는 몰라보게 좋아졌습니다. 눈덩이를 굴려 벽돌을 만드는 것은 늘 소년의 몫이었지만, 언제부터인가 야수가 직접 눈덩이를 굴리는 날이 늘어갔습니다. 반대로 소년은 야수가 도맡아 하던 조각을 마치 자기 일인 양 해나갔습니다.

그런 어느 날, 소년이 일을 마치고 돌아오자 야수가 따뜻한 차와 과자가 담긴 쟁반을 내밀었습니다. 소년은 깜짝 놀랐습니다. 야수는 소년의 반응에는 아랑곳없이 침대 위에 드러누웠습니다. 그리고 잠시 후 야수의 입에서 뜻밖의 말이 나왔습니다.

"나는 왕실의 건축가였다."

야수로 변하기 전에 그는 뛰어난 조각가였다고 합니다. 이름이 점점 알려지자 그는 고향을 떠나 도시에서 화려한 삶을 살기 시작했습니다. 커다란 바위와 나무, 심지어 모래와 진흙으로도 그는 훌륭한 조각을 빚을 수 있었습니다. 세상에는 그 능력을 사고 싶어 하는 부자들이 너무도 많았고, 조각상이 하나하나 만들어질 때마다 예술가로서 그의 권세 또한 나날이 높아졌습니다. 어느 해 봄, 그는 왕의 부름을 받았습니다.

"세상에서 가장 아름다운 성을 짓도록 하라."

그에게 떨어진 명령은 하나의 거대한 조각상처럼 아름다운 성을 짓는 것이었습니다. 조각가였던 그는 이제 왕실 건축가가 되어 국가적인 큰 공사를 감독하게 되었습니다.

나라 곳곳에서 수많은 노예들이 끌려와 성을 쌓기 시작했습니다. 많은 시간이 필요한 일이였지만 왕은 인내심이 부족한 편이었습니다. 하루 빨리 아름다운 성을 보고 싶어 하는 왕을 위해 그는 노예들을 혹독하게 다그쳐야만 했습니다.

폭풍우가 몰아치고 태풍이 불어도 공사는 계속되었습니다. 노예들이 하나둘 씩 지쳐 쓰러지던 어느 날 참사가 빚어지고 말았습니다. 북쪽 망루의 기둥이 번개에 맞아 부서지는 바람에 수십 명의 노예가 깔려 죽고 만 것입니다.

이 사실이 알려진 뒤 성문 밖에서는 오랫동안 여인의 울음소리가 끊이지 않았습니다. 죽은 노예들 중에 그녀의 남편이 있었던 것입니다. 왕실 건축가는 병사들에게 여인을 멀리 내쫓으라고 명령했습니다. 도시 밖으로 쫓겨 정처 없이 헤매던 여인은 슬픔을 이기지 못하고 기어이 강물에 몸을 던지고 말았습니다. 그녀의 가슴에 절망과 증오가 너무 가득한 나머지 강물조차 스며들지 못했습니다. 바로 그때 악마의 영혼이 그녀의 마음을 차지하고 말았습니다. 마녀로 변한 여인은 곧장 왕실 건축가를 찾아가 저주를 내렸습니다.

"너는 이제 짐승의 얼굴로 살아가게 되리라. 영원한 겨울이 너를 가둘 것이며, 눈으로 된 성을 완성하기 전까지는 인간으로 되돌아갈 수 없다."

야수로 변한 건축가는 그때부터 시간이 멈춰버린 얼음 숲에 갇혀 성을 쌓기 시작했습니다. 수많은 세월이 흘렀지만 야수는 늙지도, 죽지도 않은 채 끝없이 되풀이되는 하루를 살아야 했습니다.

그런 어느 날 바깥세상에 살던 한 소년이 들어와 눈 조각상들을 무너뜨리고 말았습니다. 야수는 소년을 용서할 수 없었습니다. 하지만 소년의 눈동자에 비친 자신의 흉한 얼굴을 보는 순간, 주체할 수 없는 슬픔이 몰려왔습니다. 백 년 넘게 흘렀을지도 모를 그 긴 시간 동안 야수의 가슴 깊은 곳에서 잠자고 있던 외로움이 깨어난 것입니다.

야수는 떠나온 세상이 너무도 그리웠습니다. 그래서 하루 빨리 성을 완성하고 싶어 그 옛날 노예들에게 그랬던 것처럼 소년을 혹사시켰습니다. 소년이 탈출을 시도할 때마다 가혹하게 벌을 내리기도 했습니다. 하지만 차츰차츰 시간이 갈수록 야수는 소년에게서 예술가의 싹을 보게 되었습니다. 성벽에 매달려 메두사의 얼굴을 조각하던 소년의 뒷모습은 마치 잊고 있던 자신의 옛 모습을 보는 것만 같았습니다. 야수가 소년을 한낱 노예가 아닌, 함께 저주를 풀어야 할 동반자로 대하기 시작한 건 그때부터였습니다.

마녀는 늘 회오리 눈보라를 타고 다녔습니다. 그녀가 차가운 미소를 띠며 얼음 숲의 하늘 위를 날 때마다 야수와 소년은 추위에 시달렸고, 얼음벽은 한층 더 두꺼워지곤 했습니다. 그런데 언제부터인가 마녀의 모습이 뜸해졌습니다.

성은 이제 남쪽과 북쪽 망루, 그리고 세 개의 탑만 남았습니다. 소년이 남쪽 망루의 기둥을 새기는 동안 야수는 북쪽 망루를 다듬었습니다. 눈덩이만 굴리던 소년이 야수의 몫까지 해내자 성은 하루가 다르게 제 모습을 띠기 시작했습니다.

야수와 소년은 이따금 망루와 망루를 잇는 성벽로에 나란히 앉아 빵을 나눠 먹으며 이야기를 나누기도 했습니다.

"여기서 나가면 세상은 많이 바뀌어 있을 게다. 네가 알던 사람들, 네가 알던 마을은 더 이상 없을 거야. 어디서 무얼 하며 살아야 할지 잘 생각해봐야 해."

"어차피 저는 떠돌이였으니까 아무래도 상관없어요. 성을 지어봤으니 집 짓는 일쯤은 할 수 있겠죠. 그런데 아저씨는요?"

야수는 잠시 말문이 막혔습니다. 그는 다시 인간이 되어 세상으로 나가고 싶다는 생각뿐, 어디서 어떻게 살지는 한 번도 생각해본 적이 없습니다.

그날 이후로 야수와 소년은 성을 쌓다가도 틈만 나면 미래에 대해 이야기를 나누곤 했습니다. 시간이 멈춘 얼음 숲에서 내일을 꿈꾸기란 쉽지 않았지만, 둘은 고된 노동을 하면서도 흥얼거리며 이야기를 주고받았습니다.

그런 어느 날 회오리 눈보라와 함께 오랜만에 마녀가 모습을 드러냈습니다. 마녀의 얼굴을 보는 순간 소년과 야수는 깜짝 놀라고 말았습니다. 눈처럼 새하얗던 얼굴이 거뭇거뭇해지고 주름살까지 생긴 것입니다. 마녀는 이글이글 타는 눈으로 둘을 노려보며 새로운 명령을 내렸습니다.

"오늘부터 밤과 낮을 나누어 따로따로 움직여라."

그날부터 소년은 해가 떠 있는 동안 혼자 성벽을 타고 올라가 벽돌에 조각을 새겨야 했습니다. 소년이 일을 마치고 돌아와 잠이 들면 그때부터 야수가 일할 시간이었습니다. 한동안 둘은 서로의 잠든 얼굴만 볼 수 있었습니다. 하지만 오래지 않아 둘만의 특별한 대화가 다시 이어졌습니다.

그 무렵 야수와 소년은 성탑의 벽에 커다란 부조를 새기고 있었습니다. 신화 속의 아르카디아 초원 위에서 자유롭게 노니는 수많은 신들을 표현한 작품이었습니다. 야수가 디오니소스를 새기고 나면, 다음 날 소년은 활을 들고 내달리는 켄타우로스를 새겼습니다. 그럼 다음 날에는 켄타우로스의 머리 위에서 장난을 치고 있는 큐피드의 모습이 새겨져 있었습니다. 소년은 빙그레 미소를 지으며 큐피드의 화살에 맞아 사랑의 열병에 시달리는 아폴로를 새겼습니다. 비록 함께 일하지는 못했지만, 야수와 소년은 작품 속에서 예술을 넘나들며 끝없이 대화를 나누고 있는 셈이었습니다.

부조가 거의 완성되던 날, 한동안 잠잠하던 하늘에서 갑자기 세찬 폭풍이 몰아쳤습니다. 소년은 바람소리에 놀라 이글루 밖으로 달려 나갔습니다. 저 멀리 성벽 위에서 달빛을 받으며 일을 하던 야수가 거센 눈 폭풍을 피해 웅크리고 있는 모습이 한눈에 들어왔습니다. 성 위의 하늘에서는 주름살투성이의 마녀가 두 팔을 벌린 채 폭풍과 번개를 부르고 있었고, 소년은 성을 향해 내달렸습니다. 바로 그때 북쪽 망루의 기둥 하나가 번개에 맞아 부서지더니 그대로 야수를 덮쳤습니다.

"안 돼!"

야수는 다행히 목숨은 건졌지만 더 이상 움직일 수 없을 만큼 큰 부상을 입고 말았습니다. 오랜 시간 동안 야수는 혼수상태에 빠진 채 밤마다 악몽을 꾸며 신음했습니다.

소년은 하루 종일 야수 곁을 떠나지 않았습니다. 따뜻한 수건으로 찜질을 하고, 눈밭에서 캐낸 약초를 달여 한 숟갈씩 떠먹였습니다.

"다시 일어나야 돼요. 저 혼자서는 아무것도 할 수 없어요. 아저씨가 다시 일어날 수만 있다면 저주가 풀리지 않아도 좋아요. 저 혼자서는 여기서 살아갈 수 없어요."

소년은 얼음 숲의 쓸쓸하고 적막한 분위기를 견딜 수 없었습니다. 야수와 함께 성벽 위에서 무거운 눈 벽돌을 나르고 망루의 기둥을 하나하나 조각하던 그때가 너무도 그리웠습니다. 소년은 그제야 늙은 개 라르고가 생각났습니다. 날마다 발에 채이며 구박을 받던 라르고가 소년의 시야에서 사라진 것은 꽤 오래 되었습니다.

'어쩌면 이렇게도 까맣게 잊고 있었을까!'

소년은 어두컴컴해진 밖으로 나가 라르고를 불렀습니다. 하지만 아무리 외쳐도 라르고는 대답이 없었습니다. 소년은 더럭 겁이 났습니다.

'혹시 얼어 죽은 건 아닐까?'

밤새도록 등불을 든 채 얼음 숲 구석구석을 찾아 헤맸지만 라르고의 흔적은 어디에도 없었습니다. 그날 밤 소년은 꿈속에서 야수의 목소리를 들었습니다.

"마녀는 절망을 먹고 산다."

소년은 눈을 뜨고 재빨리 등불을 켰습니다. 야수는 악몽을 꾸는 듯 식은땀을 흘리며 괴로워했습니다. 소년은 얼른 야수에게 다가가 이마의 식은땀을 닦아주었습니다. 그때 야수의 입에서 신음소리처럼 또 한마디가 흘러나왔습니다.

"마녀는 슬픔과 절망을 먹고 살아."

소년은 그 말이 무슨 뜻인지 알 수 없었습니다.

이튿날 아침, 소년은 멀리서 라르고가 짖는 소리에 눈을 떴습니다. 소년은 문을 박차고 달려 나갔습니다. 라르고의 울음소리는 얼어붙은 가시나무숲 근처에서 들려왔습니다. 정신없이 숲을 헤치며 달려가던 소년은 갑자기 걸음을 뚝 멈추었습니다. 거대한 얼음벽 아래 라르고가 엎드린 채 가쁜 숨을 내쉬고 있었습니다.

"라르고!"

소년이 다가가자 라르고는 벌떡 일어나 얼음벽을 향해 바짓가랑이를 잡아끌기 시작했습니다. 얼음벽 앞에 다다랐을 때 소년은 깜짝 놀랐습니다. 그 누구도 뚫을 수 없을 것 같던 거대한 얼음벽에 자그마한 구멍이 나 있었습니다. 소년은 무릎을 굽혀 구멍을 들여다보았습니다. 구멍 저편으로 바깥세상이 희미하게 보였습니다.

"라르고, 네가 한 거야?"

소년은 그제야 라르고의 앞발이 피투성이라는 걸 알아차렸습니다. 오랫동안 혼자서 얼음 구멍을 파느라 발톱이 닳고 살이 뭉개졌습니다. 라르고는 소년에게 어서 구멍을 빠져나가라는 듯 낮게 짖어댑니다. 소년은 라르고를 껴안고 울음을 터뜨렸습니다.

잠시 후 소년은 바깥세상으로 이어진 긴 통로와 등 뒤에 버티고 서 있는 거대한 성을 한참 번갈아보았습니다. 얼음 숲을 탈출할 수 있는 절호의 기회가 찾아온 바로 이 순간, 소년의 마음이 흔들리고 있었습니다.

"라르고, 미안해. 너 먼저 도망가. 난 아직 갈 수가 없어."

소년은 라르고의 목을 껴안으며 말했습니다.

"어서 도망쳐, 라르고!"

하지만 라르고는 꼼짝도 하지 않았습니다. 그때 갑자기 회오리 눈보라가 몰아치더니 마녀가 나타났습니다.

"성을 짓는 척하더니 도망칠 궁리만 하고 있었군."

마녀가 지팡이를 휘두르자마자 얼음벽의 구멍이 다시 막히고, 라르고의 몸도 순식간에 얼어붙었습니다.

"안 돼, 라르고!"

하지만 라르고는 이미 투명한 얼음덩어리로 변해버리고 말았습니다. 소년은 얼어붙은 라르고를 부둥켜안고 비명을 질렀습니다. 울음소리가 커지면 커질수록 마녀의 얼굴은 점점 생기가 돌고, 남아 있던 주름살마저 사라졌습니다. 그 순간 마녀의 얼굴을 노려보던 소년이 갑자기 울음을 뚝 그쳤습니다. 간밤에 야수가 했던 말이 퍼뜩 떠올랐기 때문입니다.

'마녀는 슬픔과 절망을 먹고 산다.'

소년은 뭔가 커다란 수수께끼를 풀어낸 듯 마녀를 뚫어지게 쳐다보았습니다. 그러고는 손등으로 눈물을 닦아내며 마녀에게 말했습니다.

"도망치지 않겠어. 오늘부터 다시 성을 쌓을 거야."

그러자 마녀의 얼굴에서 웃음기가 싹 가시더니 희미하게 주름살이 생기기 시작했습니다.

"네놈 혼자서 어떻게 성을 쌓는단 말이냐?"

"백 년이 걸리든 천 년이 걸리든 상관없어. 훼방을 놓을 테면 놔봐. 무슨 일이 있어도 꼭 해내고 말 테니까."

마녀의 얼굴이 차츰 어둡게 변하고, 주름살도 점점 뚜렷해졌습니다. 소년은 어쩌면 마녀가 가장 두려워하는 일은 바로 성을 완성하는 것일지도 모른다는 생각이 들었습니다.

"라르고, 조금만 참아. 꼭 구해줄게."

소년은 얼어붙은 라르고를 부둥켜안으며 속삭였습니다. 그러자 마녀가 지팡이를 꺼내들어 소년을 겨누었습니다.

"어리석은 놈!"

마녀가 지팡이를 휘두르자 소년의 얼굴이 점점 흉측하게 변하기 시작했습니다. 코뿔소의 귀, 독수리의 눈, 사자의 이빨, 소년은 점점 야수로 변해가고 있었습니다. 하지만 소년은 입을 꾹 다문 채 마녀를 노려보았습니다. 그는 몹시 두려웠지만, 지금 이 순간이야말로 용기가 필요할 때라고 생각했습니다.

"당신이 할 수 있는 건 고작 이 정도뿐이지. 난 이제 당신이 두렵지 않아."

마녀의 얼굴은 점점 검게 변해가고, 이마와 목덜미까지 주름살이 번지기 시작했습니다.

"네놈은 결코 성을 완성하지 못할 것이다!"

마녀는 그 한마디를 남긴 채 회오리바람 속으로 사라졌습니다.

커다란 눈 벽돌을 혼자서 들 수는 없었습니다. 그래서 소년은 작은 눈뭉치를 지게에 담아 성벽을 기어올랐습니다. 그렇게 열 번을 거듭해야 하나의 벽돌이 완성되었습니다. 탑을 쌓기 위해서는 수백 개의 눈 벽돌이 필요하기에 소년은 쉬지 않고 벽을 기어 올라갔습니다.

그렇게 부서진 북쪽 망루의 기둥을 다시 세우고 하나의 탑을 세우기까지 무수히 많은 하루가 되풀이되었습니다.

야수가 오랜 잠에서 깨어난 것은 소년이 두 번째 탑을 쌓기 시작할 무렵이었습니다. 야수는 자기처럼 흉측하게 변해버린 소년의 얼굴을 보자마자 눈물을 흘렸습니다.

"울면 안 돼요. 마녀는 절망을 먹고 산다고 하셨잖아요."

"대체 마녀가 너에게 무슨 짓을 한 게냐."

소년은 야수가 잠든 동안 있었던 일을 들려주었습니다. 이야기가 끝나자 야수는 긴 한숨을 내쉬었습니다.

"그때 왜 얼음 구멍으로 탈출하지 않았니?"

"제가 가버리면 아저씨는 누가 돌봐요?"

야수는 눈을 감고 소년의 손을 꽉 쥐었습니다.

그날 밤, 소년은 갑자기 허전한 기운을 느끼며 눈을 떴습니다. 등불을 켜자 야수의 모습이 보이지 않았습니다. 소년은 문을 열고 밖으로 뛰어나갔습니다.

멀리, 차가운 달빛을 받으며 야수가 홀로 눈덩이를 다듬고 있었습니다. 눈덩이에서 긁어낸 미세한 조각들이 달빛을 받으며 하늘로 흩어졌습니다. 소년은 문가에 기댄 채 한참 동안 그 모습을 지켜보았습니다.

하루가 일곱 번 더 바뀌던 날, 야수는 눈 벽돌을 짊어지고 계단을 오를 수 있을 만큼 나았습니다. 좀 더 지나자 야수는 이제 밧줄을 타고 성벽을 오르기 시작했습니다. 다시 일을 할 수 있게 되었을 때 야수는 북쪽 망루의 기둥 앞에 오랫동안 엎드린 채 기도를 올렸습니다. 소년은 의아한 표정으로 야수를 바라보았습니다. 야수는 한참 뒤에야 몸을 일으켰습니다. 그의 얼굴은 눈물로 얼룩져 있었습니다.

"눈 기둥이 나를 덮쳤을 때, 죽은 노예들의 얼굴이 떠올랐단다."

야수는 그들이 느꼈던 공포와 절망을 자기도 똑같이 느꼈다고 말했습니다.

"그토록 오랫동안 성을 쌓아올리면서 나는 오로지 저주에서 벗어날 생각만 했었다. 한 번도 죽은 노예들의 영혼 앞에 참회한 적이 없었던 거야. 단 한 번도 죽은 노예의 가엾은 아내에게 용서를 빈 적이 없었어. 나는 얼굴만 야수였던 게 아니라 마음까지 온통 야수였던 거야."

야수는 소년이 쌓아올린 두 번째 탑을 가리키며 말했습니다.

"나는 이제 마녀를 위해 성을 쌓을 거란다."

"마녀를 위해서요?"

"그래. 우리를 야수로 만든 것은 마녀지만, 진짜 저주에 걸린 사람은 바로 마녀 자신이기 때문이야. 인간의 마음을 잃어버린 것만큼 지독한 저주도 없을 테니까. 나는 마녀에게 영혼을 빼앗긴 여인을 위해 성을 쌓을 생각이다."

또 다른 하루가 수없이 반복되었습니다. 얼음 숲에는 날마다 눈이 내렸지만 쌓일 틈이 없었습니다. 야수와 소년은 쉬지 않고 눈덩이를 굴리며 마지막 탑을 쌓아올리기 시작했습니다.

마녀가 다시 나타난 것은 탑이 거의 완성되기 직전이었습니다. 거센 회오리바람과 함께 나타난 마녀의 얼굴은 처참하리만큼 검게 일그러져 있었습니다. 곧이어 천둥 번개와 함께 눈 폭풍이 몰아치기 시작했습니다. 마녀의 마지막 발악이 시작된 것입니다. 야수는 마치 죽음을 각오한 듯 소년을 부둥켜안았습니다.

"마녀를 미워하지 말아다오. 저 여인의 아픔을 슬퍼해다오."

그 순간 세찬 눈보라가 둘 사이를 갈라놓았습니다. 하지만 소년과 야수는 계속해서 눈 벽돌을 쌓아올렸습니다. 몰아치는 폭풍 속에서 소년은 몇 번이나 뒤로 나동그라졌지만 이를 악물고 다시 일어나 눈덩이를 굴렸습니다. 곧이어 한 줄기 번개가 야수를 내리쳤습니다. 하지만 야수는 밧줄을 놓치지 않고 탑의 맨 꼭대기를 향해 올라갔습니다.

"포기해라, 포기해!"

마녀의 절규가 울려 퍼졌습니다. 탑 위로 올라선 야수는 팔을 뻗어 소년을 끌어올렸습니다. 천둥과 번개가 쉴 새 없이 그들을 위협하는 동안에도 눈 벽돌은 계속 쌓여갔습니다.

마녀는 최후의 공격을 위해 있는 힘껏 지팡이를 휘둘렀습니다. 번개가 소년을 향하는 순간, 야수가 재빨리 몸을 날렸습니다. 소년은 번개가 야수의 등에 내리꽂히는 것을 똑똑히 지켜보았습니다.

그 짧은 순간, 야수는 소년에게 미소를 지어 보이며 탑 아래로 떨어졌습니다.

소년은 비명을 지르지 않았습니다. 그 대신 야수가 놓친 눈 벽돌을 짊어지고 일어섰습니다. 소년은 몰아치는 폭풍을 헤치며 한 걸음, 두 걸음 걷기 시작했습니다.

마침내 마지막 눈 벽돌을 올린 뒤에야 소년은 야수가 그랬던 것처럼 마녀를 향해 미소를 지어 보였습니다. 그때 갑자기 마녀를 떠받치고 있던 회오리 눈보라가 소년을 휘감더니 공중으로 날려버리고 말았습니다. 소년은 땅으로 떨어져 내리면서 마지막으로 새하얀 성을 바라보았습니다.

'참 아름다운 성이구나.'

소년이 정신을 차렸을 때 맨 먼저 눈에 들어온 것은 라르고의 얼굴이었습니다. 라르고는 어린 주인의 볼을 정성스럽게 핥아주었습니다.

"라르고, 얼음에서 풀려났구나!"

풀려난 것은 라르고만이 아니었습니다. 오랜 세월 숲을 에워싸고 있던 얼음벽도 모두 사라졌고, 땅 위에는 눈 대신 푸른 잔디가 펼쳐져 있었습니다. 소년을 살린 것은 푹신푹신한 짚더미였습니다.

소년은 마치 백 년도 넘게 잠을 잔 기분이었습니다. 고개를 들자 멀리 이글루가 있던 자리에 아담한 오두막이 보였습니다. 그리고 오두막 앞에서는 웬 여인이 빨래를 널고 있었습니다. 여인은 마녀와 똑같은 얼굴을 하고 있었지만, 더 이상 마녀가 아니었습니다. 그때 등 뒤에서 야수의 목소리가 들려왔습니다.

“꼬박 한 달 동안 잠만 자더구나.”

소년이 고개를 홱 돌리자 낯선 사내가 빙그레 웃으며 서 있었습니다. 더 이상 야수가 아닌 인간의 얼굴을 하고 있지만 미소만큼은 알아볼 수 있었습니다.

“다 끝난 거예요?”

“그래, 다 끝났다. 저주는 풀리고 성은 다 녹아내렸지.”

성이 있던 자리에는 푸른 숲과 언덕만 남았습니다.

“마녀의 영혼도 저 여인의 몸에서 더 이상 버티지 못하고 사라졌단다.”

사내는 소년의 분신과도 같은 낡은 책 『그리스 신화』를 건네주며 말했습니다. 소년은 너덜너덜한 표지를 만지작거리며 물었습니다.

“그럼 우리 이제 뭘 해야 하죠?”

“글쎄다. 지금부터 셋이서 고민해보자꾸나. 일단 뭘 좀 먹어야 하지 않겠니?”

소년은 라르고와 함께 그를 따라 천천히 걸음을 옮겼습니다. 멀리서 빨래를 널던 여인이 두 사람에게 손을 흔들었습니다. 소년은 마치 오래 전부터 가족이었던 것처럼 이 모든 풍경이 너무도 자연스럽게 느껴졌습니다. 그때 사내가 물었습니다.

“그나저나 넌 이름이 뭐니?”

눈으로 지은 성

눈썰매를 타고 이리저리 떠돌아다니는 소년이 있었어요.

눈사람을 아주 잘 만드는 소년이에요.

그런데 어느 숲 속에서 너무 아름다운 눈 조각상을 발견했어요.

'내가 만든 눈사람보다 훨씬 아름답잖아!'

소년은 질투가 났어요.

그래서 자기도 모르게 눈 조각상을 무너뜨리고 말았어요.

그런데 이게 어떻게 된 일이죠?

갑자기 하얀 눈보라가 몰아치더니 마녀가 나타난 거예요.

"내 조각상을 부서뜨렸으니 벌을 받아라.

눈으로 성을 짓기 전까지는 이 숲에서 벗어날 수 없다!"

그때부터 소년은 얼음 숲에 갇히고 말았어요.

꽁꽁 얼어버린 얼음 숲에는 매일매일 하얀 눈만 펄펄 내렸죠.

그런데 이 숲에는 소년 말고 또 누군가가 있었어요.

털은 눈처럼 하얗고, 얼굴은 꼭 사자처럼 생긴 야수였어요.

원래는 사람이었는데 오래전에 마녀의 저주를 받아서 야수로 변한 거예요.

소년이 얼음 숲에서 도망치려고 할 때마다

야수가 붙잡아 눈 기둥에 꽁꽁 묶어놓곤 했어요.

소년은 야수를 무서워했고, 야수는 소년을 미워했죠.

하지만 둘 다 마녀의 저주에서 벗어나려면

열심히 성을 쌓아야만 했어요.

소년은 부지런히 눈덩이를 굴렸어요.

야수는 소년이 굴려준 눈덩이로 성을 쌓았죠.

그렇게 오랫동안 함께 일하다 보니 점점 마음이 통하기 시작했어요.

소년은 야수가 아주 유명한 건축가였다는 걸 알게 되었고,

야수는 소년의 재능을 알아보게 되었죠.

소년과 야수는 점점 친해져서 매일매일 사이좋게 웃으며 일했어요.

그러자 마녀가 둘 사이를 갈라놓고 말았어요.

소년은 낮에만 일하고, 야수는 밤에만 일하게 한 거예요.

그래도 소년과 야수는 여전히 서로를 위하고 아꼈어요.

마녀는 소년과 야수가 친해지는 게 너무 싫었어요.

그래서 어느 날, 눈 기둥을 떨어뜨려 야수를 다치게 하고 말았어요.

그때부터 소년은 혼자 쓸쓸히 눈덩이를 굴려야 했어요.

낮에는 열심히 눈덩이를 굴리고, 밤에는 야수를 정성껏 보살폈죠.

하지만 혼자 힘으로는 도저히 성을 쌓을 수가 없었어요.

게다가 소년은 너무 힘들고 외로웠어요.

그런데 소년이 점점 희망을 잃고 슬퍼할수록

눈보라가 거세지고, 마녀도 점점 힘이 세지는 것 같았어요.

그래서 소년은 눈물을 싹 닦아내고 용기를 내보기로 했어요.

"혼자서라도 성을 꼭 완성할 거야!"

소년이 이렇게 외치자 마녀의 얼굴에 금세 주름살이 생겼어요.

그제야 소년은 마녀의 비밀을 알게 되었어요.

소년이 슬퍼하고 절망할 때마다 마녀가 점점 젊어지고,

반대로 희망을 갖고 용기를 낼수록 마녀의 힘이 줄어든다는 걸 말이에요.

소년은 야수에게 달려가 이렇게 말했어요.

"마녀는 사람들의 어두운 감정을 먹고 살아요.

그러니까 우리가 힘을 내면 낼수록 마녀는 굶어죽게 될 거예요!"

소년의 말에 야수는 힘을 내기 시작했어요.

소년과 야수는 다시 예전처럼 즐겁게 웃으며 열심히 성을 쌓았어요.

그러자 마녀는 무시무시한 눈보라를 일으켰어요.

소년과 야수가 끝내 절망하고 포기하게 만들려는 수작이었죠.

하지만 소년과 야수는 마녀를 미워하지 않았어요.

미워하는 마음을 가지면 마녀가 힘을 얻게 될 테니까요.

소년과 야수는 오히려 마녀를 용서하기 시작했어요.

마녀는 마지막 힘을 다 짜내어 번개를 일으켰어요.

"날 미워하란 말이다! 나를 두려워하란 말이야!"

마침내 성을 완성하는 순간,

야수와 소년은 번개에 맞아 탑 아래로 떨어지고 말았어요.

그 다음엔 어떻게 됐을까요?

소년이 정신을 차렸을 때 얼음 숲은 거짓말처럼 사라지고 없었어요.

그 대신 푸른 잔디가 펼쳐져 있었죠.

눈으로 지은 성도 어디론가 사라지고,

그 자리에 푸른 숲과 언덕만 남아 있었어요.

그뿐만이 아니에요.

야수는 다시 사람으로 돌아왔고,

마녀도 평범한 여인으로 변해 있었어요.

길고 길었던 겨울은 그렇게 끝이 났어요.

"감정을 선택할 줄 아는 아이로 자라렴."

마음이란 건 참 이상하지?

똑같이 힘든 일을 겪고 있는데도

밝은 마음을 가지면 힘이 생기고,

어두운 마음을 가지면 점점 더 힘이 없어지거든.

소년이 얼음 숲에 갇힌 것도 사실은

어두운 마음을 가졌기 때문이야.

누군가를 질투하고 미워하는 마음 때문에 엄청난 실수를 범했잖아.

얼음 숲에 갇힌 뒤에도 소년은 계속 어두운 마음만 갖고 있었어.

야수를 두려워하고, 라르고를 미워하고,

성을 쌓을 수 없을 것 같아 절망하고 슬퍼한 이 모든 게 '어두운 마음'이야.

하지만 나중엔 어떻게 됐지?

소년과 야수가 서로를 아끼고, 희망을 갖기 시작했잖아.

마녀가 아무리 못된 짓을 해도

미워하기는커녕 마녀를 용서한 거야.

어두운 마음으로는 아무것도 해낼 수 없다는 걸 깨달았거든.

아가야, 마음이란 건 정말 힘이 센 것 같아.

아무리 힘들어도 밝은 마음만 갖고 있으면

소년과 야수처럼 결국에는 이겨낼 수 있으니까 말이야.

살다보면 슬프고 외롭고 우울한 마음이 들 때가 있어.

그런 마음이 생기는 걸 아예 처음부터 막기는 힘들단다.

하지만 그 어두운 마음이 나를 차지하기 전에

재빨리 밝은 마음으로 바꿀 수는 있어.

처음엔 좀 힘들지만, 자꾸자꾸 연습하면 쉬워질 거야.

엄마도 매일매일 연습할게.

탐험가 아빠와
함께 보낸
어느 특별한 사흘

어느 해 늦여름, '매미'라 불리는 초대형 태풍이 한반 도를 휩쓴 적이 있습니다. 하루 만에 논과 밭이 사라지고 수많은 집과 사람들이 홍수에 쓸려갔습니다.

태풍이 지나간 다음 날, 버스 한 대가 무모하게 길을 나섰습니다. 기사와 승객들은 태풍 피해가 얼마나 큰지 아직 제대로 알지 못했습니다. 하지만 산길을 아슬아슬하게 오르던 버스는 두 번째 산모퉁이에 이르러 결국 멈춰 서고 말았습니다. 절벽에서 커다란 바윗덩어리들이 굴러떨어 져 도로가 끊어졌기 때문입니다. 도로 복구를 하던 사람이 다가와 승객들에게 말했습니다.

"산사태가 나서 도로 곳곳이 부서졌습니다. 되돌아갈 수도 없으니 여기서 구조대가 올 때까지 기다리셔야 합니 다."

승객들이 웅성거리기 시작했습니다. 어떤 이들은 걸 어서라도 가겠다며 신발 끈을 단단히 고쳐 맵니다. 경찰이 말렸지만 그들은 오늘 중으로 꼭 가야 한다며 고집을 부립니다.

"아빠, 우리도 걸어가요."

열두 살 소녀 경이는 아빠와 함께 시골 외갓집에서 요양 중인 엄마를 만나러 가는 길입니다.

"괜찮겠니? 아주 멀고 험한 길인데."

"엄마가 그랬어요. 날 보면 아픈 게 싹 나을 거라고. 그러니까 꼭 가야 돼요."

경이는 아빠를 빤히 쳐다보며 이렇게 덧붙입니다.

"아빤 탐험가였잖아요. 에베레스트 산보다 이게 더 위험해요?"

걸어서 가기로 한 사람은 경이까지 모두 여섯 명입니다.

"다들 저만 따라오세요. 훈련 때 걸어본 길이라 훤합니다."

김 병장이라는 군인이 자신 있게 말하며 앞장섭니다. 김 병장은 말년휴가를 나왔다가 부대로 복귀하는 길이라고 합니다. 사람들은 군화를 신고 성큼성큼 걸어가는 김 병장을 보며 안심했지만 걸음이 워낙 빨라 따라잡기가 만만치 않았습니다.

"좀 천천히 가요!"

하이힐을 신은 아가씨가 소리칩니다. 추석을 앞두고 오랜만에 고향에 내려가는 길이라는데, 아무래도 먼 길을 걸을 만한 차림새가 아닙니다.

빨리 가서 마당에 널어놓은 오징어를 거둬야 한다는 아주머니도 있었습니다.

그런가 하면 손주 결혼식에 늦을까봐 발을 동동 구르는 70대 노인도 있었습니다.

"해 지기 전에 도착하려면 서둘러야 합니다!"

김 병장이 돌아서서 외치고는 또 성큼성큼 걸어갑니다.

아빠는 맨 뒤에서 경이만 바라보며 발걸음을 옮깁니다.

"경이야, 힘들지 않니?"

"괜찮아요."

"힘들면 언제든지 아빠 등에 업히렴."

경이는 대답하지 않았습니다. 솔직히 아빠 등에 업히는 것보다는 다리 아픈 게 더 편하니까요. 아빠하고 같이 보낸 시간이 너무 적은 탓에 여간 어색하고 불편한 게 아니었습니다.

"어디서 많이 뵌 분 같아요. 혹시 TV에 나오지 않으셨어요?"

아까부터 아빠를 힐끗힐끗 쳐다보던 아가씨가 아는 체를 해옵니다. 하지만 아빠는 말없이 걷기만 할 뿐입니다. 아가씨는 "낯이 익은데, 어디서 봤는데" 하며 연신 고개를 갸웃거렸습니다.

◆◆◆

사실 아빠는 3년 전만 해도 TV에 종종 나오곤 했습니다. 히말라야에서 가장 높은 열네 개의 봉우리에 오를 때나 북극점, 남극점을 밟을 때마다 '자랑스러운 대한민국 원정대'의 일원으로 소개된 것입니다. 하지만 경이는 아빠가 그다지 자랑스럽지 않았습니다. 원정대에서 나이가 제일 많으면서도 늘 뒷전으로 밀려나 있고, 스포트라이트는 젊은 대장에게만 쏟아졌습니다. 안나푸르나 정상에서 대원들이 태극기를 꽂고 만세를 부를 때도 아빠는 화면 한 귀퉁이에서 무거운 짐을 든 채 구경꾼처럼 서 있기만 했습니다.

학교 친구들은 '경이 아빠는 탐험대의 심부름꾼'이라며 놀리곤 했습니다. 경이는 그런 말을 들을 때마다 아빠가 미웠습니다. 그런데도 아빠는 힘들고 어려운 원정이 있을 때마다 기를 쓰고 참가했습니다. 한번 집을 나서면 3, 4개월씩 걸리는 긴 원정이었습니다. 그렇게 고생을 하면서도 아빠는 늘 가난했습니다. 설상가상으로 3년 전에 허리를 다쳐 더 이상 원정을 떠날 수 없게 되자 아빠는 아파트 상가에 작은 과일가게를 냈습니다. 아빠는 이제 탐험가가 아닙니다.

"아, 생각났다. 아저씨 탐험가 맞죠? TV에서 봤어요!"

마침내 아가씨가 아빠를 기억해내고야 말았습니다.

"다 옛날 일입니다."

그때 앞서 가던 사람들이 갑자기 걸음을 뚝 멈추었습니다. 끊일 듯 끊일 듯 아슬아슬하게 이어지던 길이 기어이 막히고 만 것입니다. 눈앞에는 무너져 내린 흙과 돌이 산처럼 높이 쌓여 길을 떡하니 가로막고 있었습니다. 용감한 김 병장이 토사 더미를 타고 올라 꼭대기에 서더니 고개를 흔들며 소리쳤습니다.

"저수지가 무너졌나봐요. 강물이 엄청나게 불었어요!"

더 이상 앞으로 나아갈 수가 없었습니다. 이제는 왔던 길로 되돌아가거나 강을 피해 산을 넘는 것, 두 가지 방법밖에 없습니다. 사람들이 의논을 하는 동안 아빠가 경이에게 물었습니다.

"경이야, 어떻게 하고 싶니?"

"돌아가는 건 싫어요. 산을 넘어갈래요."

"그래, 그럼 그렇게 하자꾸나."

다른 사람들도 산을 넘기로 결심한 것 같습니다. 노인은 양복바지를 양말 속으로 끼워 넣으며 의지를 불태웠고, 아가씨는 하이힐을 벗어던졌습니다. 아주머니는 흙더미에서 찾아낸 기다란 나뭇가지를 지팡이로 삼았습니다.

"길이 미끄러우니 조심해서 따라오세요!"

사람들은 김 병장을 따라 산을 오르기 시작했습니다.

산은 생각보다 훨씬 거칠고 험했습니다. 태풍에 나무들이 쓰러지고 땅이 움푹

파여 길을 찾기조차 어려웠습니다. 산을 오르기 전까지만 해도 자신만만하던 김 병장의 얼굴이 점점 어두워졌습니다.

"이보시오, 김 병장! 오늘 중으로 도착할 수 있겠소?"

노인이 물어도 김 병장은 대꾸하지 않았습니다.

"어째 대답이 없소? 길은 알고 가는 게요?"

"어르신! 그냥 저만 믿고 따라오세요."

김 병장이 말했지만 노인은 영 못 미덥다는 표정입니다. 그때 아빠가 입을 열었습니다.

"태풍 때문에 산길이 변해버린 겁니다. 그래도 우리 중에 이 산을 알고 있는 사람은 김 병장뿐이니 다들 믿고 따릅시다."

김 병장이 아빠에게 고맙다는 표정을 지어 보입니다. 하지만 얼마 못 가 일행들 앞에는 빽빽하게 우거진 숲이 나타났습니다.

"이상하다, 이 길이 틀림없는데……."

김 병장의 얼굴에 당황한 기색이 역력합니다. 노인과 아주머니는 뒤에서 한숨만 푹푹 내쉬었습니다.

"길을 잃어버린 거예요? 이제 곧 해가 질 텐데 어떡하나."

아가씨는 울상을 지었습니다.

"아빠, 어떻게 좀 해봐요."

산을 오른 뒤 처음으로 경이가 말했습니다. 그러자 아빠는 땅바닥에 귀를 대보기도 하고 잘려나간 나무의 나이테를 살펴보기도 하더니 슬그머니 김 병장에게 다가갔습니다. 그러고는 손가락으로 어딘가를 가리키며 소곤거립니다.

잠시 후 김 병장은 다시 일행을 이끌고 산길을 헤쳐 나가기 시작했습니다. 오늘 중으로 목적지에 도착하리라 믿었던 사람들도 이제는 오로지 산을 벗어나기만 바랄 뿐이었습니다. 일행이 산에서 내려왔을 때는 이미 해가 기울기 시작한 뒤였습니다.

워낙 산골인데다 전기마저 모두 끊긴 상태라 어둠이 빨리 찾아올 것 같았습니다. 게다가 주변에는 인가가 전혀 보이지 않았습니다. 사람들은 망연자실한 채 김 병장만 쳐다보았습니다.

“어쨌든 오늘 중으로 도착하기는 글렀으니 날이 어두워지기 전에 하룻밤 묵을 곳부터 찾아봐야겠어요.”

아주머니는 “아이고, 내 오징어 어쩌나” 하며 탄식했습니다.

일행은 다시 김 병장을 따라 걷기 시작했습니다. 경이 아빠는 여전히 맨 뒤에서 뭔가를 열심히 주우며 걸었습니다. 경이는 아빠를 무시한 채 아가씨 옆에서 묵묵히 걸었습니다. 하이힐을 벗고 맨발로 걷던 아가씨는 걸을 때마다 발바닥이 아프다며 비명을 질렀습니다. 보다 못한 아빠가 양말을 벗어 아가씨에게 내밀었습니다.

“지금부터 내 발자국만 밟으면서 따라오세요.”

하지만 얼마 못 가 양말마저 구멍이 나고 말았습니다.

모두들 바위에 걸터앉아 잠시 쉬는 동안 아빠는 입고 있던 셔츠를 벗어 주머니

칼로 북북 찢더니, 나무 지푸라기와 천으로 신발을 만들어 아가씨의 발에 신겨주었습니다. 경이는 아빠에게 이런 재주가 있다는 걸 처음 알았습니다.

"고마워요. 탐험가라 역시 다르시네요."

아가씨의 말에 사람들이 일제히 고개를 돌렸습니다. 긴가민가하던 사람들도 그제야 아빠를 알아보기 시작했습니다.

"어머! 맞네, 맞아! 예전에 남극탐험 했던 그분이네!"

아주머니가 손뼉을 치며 큰소리로 호들갑을 떨자, 멀찌감치 앉아 있던 김 병장이 재빨리 다가와 말합니다.

"진작 말씀하시죠. 이제부터 선생님께서 앞장서 주시기 바랍니다."

"아니오, 난 뒤에서 걸을 테니 김 병장이 앞을 맡아주시오. 여러분, 우리가 여기까지 온 것도 다 김 병장 덕분입니다. 그러니 계속 믿고 따릅시다."

경이는 또 짜증이 났습니다.

'아빠는 왜 저럴까? 왜 만날 뒤꽁무니에 숨는 걸까?'

일행이 산기슭에 있는 폐가를 발견했을 때는 이미 날이 저문 뒤였습니다. 폐가에 들어서자마자 아빠는 흩어진 지푸라기와 나무토막을 모아 모닥불부터 지폈습니다. 외양간처럼 허름한 곳이었지만 그래도 모닥불 덕분에 추위에 떨지 않을 수 있었습니다.

아가씨는 아빠가 만들어준 신발을 벗어 모닥불에 말리고, 김 병장과 노인은 짚더미 위에 벌렁 드러누웠습니다. 그때 누군가의 배에서 꼬르륵 소리가 났습니다. 다들 말은 없었지만 배가 고파 죽을 지경이었습니다. 그러자 아빠가 주머니에서 뭔가를 주섬주섬 꺼내기 시작했습니다.

"그게 다 뭐예요? 어머, 고구마네?"

아주머니의 얼굴이 환하게 밝아졌습니다.

경이는 아빠의 옷에 주머니가 얼마나 많이 달려 있는지 알고 있었습니다. 그 많은 주머니에서 고구마가 계속 나왔습니다. 솔직히 말하면 경이는 군고구마를 굉장히 좋아합니다.

늦은 밤, 아무도 살지 않는 폐가에서 난데없는 고구마 파티가 열렸습니다. 불과 일곱 시간 전만 해도 군고구마 하나에 이토록 기뻐하게 될 줄은 아무도 상상하지 못했던 일입니다.

고구마로 배를 채웠더니 금세 졸음이 몰려왔습니다. 하나둘씩 짚더미에 눕자마자 코를 골기 시작했습니다. 아빠는 잠든 경이에게 외투를 덮어주고는 모닥불 가에 앉아 밤새 불을 살폈습니다. 자정 무렵 경이가 잠깐 눈을 떴을 때도 아빠는 모닥불만 바라보고 있었습니다. 새벽에 오줌이 마려워 일어났을 때도 아빠는 여전히 모닥불에 나무토막을 던져 넣고 있었습니다. 모닥불은 날이 밝을 때까지 꺼지지 않았습니다.

"다들 힘내세요. 저기 언덕 뒤에 큰 다리가 있어요. 그 다리만 건너면 마을이 나옵니다."

김 병장은 날이 밝아서야 이곳 지리를 용케 기억해냈습니다. 사람들은 이제 고생이 끝났다며 안도했습니다. 하지만 경이는 아침부터 발이 퉁퉁 부어오르더니 점심 무렵이 되자 도저히 걸을 수 없을 만큼 아파왔습니다. 아빠는 그제야 경이의 걸음걸이를 알아채고는 황급히 달려가 등에 업었습니다.

"힘들면 업히라고 했잖니!"

아빠는 경이를 업으며 짐짓 나무랐습니다. 경이는 아빠의 등이 너무도 낯설고 어색하기만 했습니다.

가까스로 언덕 위에 다다랐을 때 그들 앞에는 짙은 황토색 강물이 흘렀습니다. 다리가 있던 자리에는 커다란 교각만 덩그러니 남아 있고, 그 위로 황토물이 무섭게 흘렀습니다.

"태풍이 생각보다 훨씬 컸던 모양이외다. 내 살다 살다 이런 건 처음 보는구려."

노인은 자리에 풀썩 주저앉고 말았습니다.

"마을이 통째로 사라졌어요."

김 병장은 놀란 표정을 감추지 못했습니다. 황토색 강물 너머로 펼쳐진 논과 밭은 말 그대로 초토화되었고, 부서진 벽돌과 기둥만이 여기에 마을이 있었다는 걸 말해주었습니다. 멀리 보이는 철교도 반으로 뚝 잘린 상태였습니다. 일행은 거친 강물 앞에 선 채 오도 가도 못하는 처지가 되고 말았습니다.

　부대에 복귀해야 하는 김 병장도, 손주 결혼식에 참석해야 하는 노인이나 오징어를 거둬야 하는 아주머니도 이제는 생각이 바뀌었습니다. 눈앞의 참담한 광경을 보고 난 뒤부터 사람들은 이제 살기 위한 방법을 궁리해야 할 판이었습니다.

　"산을 또 한 번 넘어야 할 것 같습니다. 이번엔 꽤 높은 산입니다."

　김 병장의 말에 땅바닥에 주저앉아 열심히 발을 주무르던 아가씨의 낯빛이 어두워졌습니다. 모두들 버스에서 내려 걷기로 결심한 것을 크게 후회하는 눈치였습니다.

　경이는 자기가 걷겠다고 했을 때 아무 말 없이 따라나선 아빠를 이해할 수 없었습니다. 히말라야부터 북극, 남극까지 온갖 산전수전을 다 겪어본 아빠가 이 정도 상황을 예상하지 못했다는 게 실망스럽기도 했습니다. 그런 마음을 아는지 모르는지 아빠는 또 이렇게 묻는 것이었습니다.

　"경이야, 어떻게 하고 싶니? 다시 왔던 길로 돌아갈까, 아니면 산을 넘을까?"

　"저한테 묻지 말고 아빠가 결정하세요!"

　"경이가 판단하렴. 아빠는 네 뜻에 따르마."

　경이는 확 짜증이 몰려왔습니다. 그냥 아빠가 앞장서서 제일 안전하고 편한 길로 이끌어주면 될 텐데 어째서 마냥 심부름꾼처럼 뒷전으로 처지는 걸까? 경이는 이런 아빠가 탐험가였다는 게 도무지 믿기지 않았습니다.

"저 산만 넘으면 되는 거예요?"

"그건 아무도 알 수 없어. 산에서는 언제나 뜻밖의 일들이 벌어진단다."

"그래도 산을 넘는 게 좋겠어요. 하지만 조건이 하나 있어요."

"말해보렴."

"아빠가 앞장서세요. 어제 김 병장 아저씨가 산에서 헤맬 때도 아빠가 길을 가르쳐줬잖아요."

"그래, 그럼 그렇게 하자꾸나. 그런데 아빠도 조건이 있다."

"뭔데요."

"저 산을 넘을 때까지 아빠 등에 업혀 있으렴."

그러는 동안 다른 사람들도 모두 함께 산을 넘기로 의견을 모았습니다. 경이는 어쩔 수 없이 아빠 등에 업힌 채 산길로 접어들었습니다.

아빠는 경이를 등에 업고 성큼성큼 산을 올랐습니다. 그러면서도 뒤따르는 사람들과 요령껏 거리를 조절했습니다. 아빠는 사람들이 얼마나 지쳤는지, 또 언제쯤 휴식이 필요한지를 정확하게 알고 그때마다 걸음을 멈추었습니다. 경이는 졸음이 몰려올 정도로 편안했습니다. 솔직히 깜빡깜빡 졸기도 했습니다. 아빠는 이따금 걸음을 멈추고 일행에게 조용히 말했습니다.

"서두르지 말고 천천히 걸으세요. 산이 높을수록 천천히 걸어야 합니다."

일행이 넘고 있는 산은 어제 올랐던 산보다 훨씬 높고 험했지만 이상하게도 오르기가 한결 편했습니다. 아빠는 마치 길을 알고 있는 사람처럼 망설임 없이 앞으로 나아갔습니다. 능선을 따라 걷다가 내리막으로 접어들자 모두들 발걸음이 점점 빨라졌습니다.

일행이 산 아래 마을에 도착했을 때는 아직 해가 길게 남아 있었습니다. 하지만 그 마을에도 태풍이 휩쓸고 간 흔적이 곳곳에 있었습니다. 일행은 폐허로 변한 마을 한가운데로 계속해서 걸었습니다. 그때 웬 할머니가 회초리를 휘두르며 돼지 한 마리를 쫓고 있었습니다. 일행이 다가가자 할머니는 다짜고짜 돼지 좀 잡아달라고 소리쳤습니다. 축사가 무너지는 바람에 돼지 다섯 마리와 닭들이 사방으로 도망쳤다고 합니다.

"할머니, 도와드리고 싶지만 저희도 갈 길이 바빠서요. 죄송해요."

김 병장이 말했습니다. 할머니는 원망스러운 눈으로 일행을 바라보았습니다. 경이는 바닥에 주저앉아 "아이고, 아이고" 하며 울먹이는 할머니에게서 좀처럼 눈을 뗄 수가 없었습니다.

"아빠, 할머니를 도와드리고 싶어요."

그러자 아빠는 기다렸다는 듯 할머니에게 다가갔습니다. 그리고 경이를 할머니 곁에 앉히고는 곧장 돼지를 향해 달려갔습니다. 저만치 가고 있던 일행이 고개를 절레절레 흔들며 아빠를 바라보았습니다. 잠시 후 노인이 막대기를 휘두르며 돼지를 쫓고, 아주머니와 김 병장도 거들기 시작했습니다.

때 아닌 돼지 몰이가 벌어졌습니다. 어떻게 올라갔는지 한 마리는 지붕 위에서 꽥꽥 거렸고, 또 한 마리는 토사 더미에 빠져 허우적거렸습니다. 노인이 막대기로 부지런히 돼지들을 몰면 아빠와 김 병장이 엎치락뒤치락하며 한 마리씩 축사 안으로 몰아넣었습니다. 그 우스꽝스러운 모습에 경이와 아가씨는 배를 잡고 웃었습니다. 한바탕 소동이 끝나자 축사 안에는 돼지 다섯 마리와 닭 일곱 마리가 들어가 있었습니다. 할머니는 하늘이 귀인들을 보내주었다며 커다란 솥에 불을 지피고는 토종닭 두 마리를 삶았습니다. 해는 벌써 서산으로 기울었고, 일행은 어쩔 수 없이 그곳에서 또 하루를 보내야 했습니다.

모처럼 배불리 먹고 나자 다들 기분이 좋아졌습니다.

"탐험가 아저씨 덕분에 산도 무사히 넘고, 토종닭까지 얻어먹었네요."

아주머니가 웃으며 박수를 치자, 아빠는 이게 다 경이가 내린 결정이라고 말했습니다. 그러자 사람들이 경이의 어깨를 쓰다듬으며 '참 기특한 아이'라고 칭찬했습니다.

밤이 되자 할머니는 잠잘 곳이 마땅치 않다며 모두들 한방에서 같이 자자고 했습니다. 아빠와 김 병장이 축사를 고치는 동안 경이는 아주머니와 함께 아궁이 앞에서 불을 피웠습니다. 마당에서는 할머니와 노인이 모닥불 가에 앉아 이런저런 이야기를 나누고 있었습니다. 경이는 눈앞의 풍경이 마치 한 가족처럼 평화롭게 느껴졌습니다.

"경이야, 목걸이가 참 특이하구나."

아주머니가 경이의 목에 걸린 돌 목걸이를 가리키며 말했습니다.

"아, 이거요? 그린란드 탐험 때 아빠가 주워온 돌멩이에요."

사실 경이는 돌 목걸이를 그다지 좋아하지 않았습니다. 처음엔 멀리 지구 반대편에서 고작 돌멩이 하나만 달랑 들고 온 아빠가 그렇게 미울 수 없었습니다. 하지만 엄마의 성화에 못 이겨 늘 목에 걸고 다녔습니다.

"굉장히 특별한 돌멩이인 모양이지?"

"천 년 동안 얼음 속에 묻혀 있던 돌멩이래요."

"어머, 다이아몬드보다 훨씬 값진 돌멩이로구나. 경이는 참 좋겠다."

경이는 자기도 모르게 돌 목걸이를 만지작거렸습니다.

밤이 깊자 일행은 좁은 방에 나란히 드러누웠습니다. 노인이 이렇게 별난 잠자리는 생전 처음이라고 하자 모두들 웃음보가 터졌습니다. 잠시 후 하나둘씩 잠이 들기 시작했지만 아빠는 축사를 마저 손보느라 아직 밖에 있습니다. 경이는 돌 목걸이를 만지작거리다 스르르 잠이 들었습니다. 아빠는 자정이 되어서야 손발을 씻고 들어와 경이 곁에 누웠습니다.

날이 밝아올 무렵, 경이는 제일 먼저 눈을 떴습니다. 좁은 방 안이 답답해서 밖으로 나가려던 경이는 이불 밖으로 드러난 아빠의 발을 보고 깜짝 놀랐습니다. 아빠의 발은 심하게 부어 있었고, 여기저기 온통 물집투성이였습니다. 경이는 아빠의 발에서 좀처럼 눈을 떼지 못했습니다.

할머니는 보자기에 쌀과 김치를 싸서 일행에게 건네주었습니다. 그리고 언제든 기회가 닿으면 다시 찾아달라는 말도 덧붙였습니다.

"할머니도 오래오래 행복하게 사세요."

헤어질 때 할머니는 경이를 꼭 안아주었습니다. 일행은 다시 김 병장을 따라 길을 나섰습니다. 경이는 뒤따라오는 아빠의 발을 걱정스럽게 바라보았습니다. 하지만 아빠는 아무렇지도 않은 듯 웃기만 합니다.

출발할 때는 다들 배가 부른 상태였지만 점심 무렵이 되도록 쉬지 않고 걷다 보니 다시 배가 고파졌습니다.

"할머니도 참, 기왕에 주실 거면 밥을 싸주실 것이지. 냄비도 없이 어떻게 밥을 짓는담?"

아주머니가 툴툴거렸습니다.

"경이야, 배 안 고파?"

아빠가 물었습니다.

"약간 고프지만 참을 수 있어."

"쌀이 있는데 왜 참아?"

“솥도 없는데 밥을 어떻게 지어?”

“그렇게 생각하면 밥을 영영 지을 수 없단다. 배가 고프면 무슨 수를 써서라도 밥을 짓겠다는 쪽으로 생각을 집중해야 해. 그럼 밥 지을 방법이 보이게 된단다.”

아빠는 걸음을 멈추더니 경이에게 말했습니다.

“밥을 꼭 짓겠다는 생각을 하면서 찬찬히 둘러봐.”

하지만 아무리 둘러봐도 뾰족한 수가 떠오르지 않았습니다. 폐허로 변한 논밭에는 빈 깡통이며 부러진 나뭇가지들만 나뒹굴고 있었습니다. 그 순간 경이의 머릿속에 아이디어가 떠올랐습니다.

“저 깡통으로 밥을 지을 수 없을까?”

“밥을 지을 수 있는지 없는지는 직접 해봐야 알지.”

아빠는 경이와 함께 빈 깡통을 모아 개울물에 깨끗이 씻었습니다. 나머지 사람들은 논둑에 앉아 두 부녀의 괴이쩍은 행동을 그저 지켜보기만 했습니다.

경이가 깨끗한 깡통에 쌀과 물을 담아 장작불에 올리자, 잠시 후 누룽지와 함께 밥이 완성되었습니다. 경이의 깡통 밥은 대성공이었습니다. 일행은 입이 마르도록 경이의 아이디어를 칭찬했습니다.

밥과 김치로 속을 든든히 채운 뒤 일행은 마지막 행군을 시작했습니다.

김 병장은 앞으로 두 시간 뒤면 충분히 도착하고도 남을 거라며 희망을 심어주었습니다. 그 두 시간은 경이에게 아주 소중한 순간이었습니다. 태어나서 아빠와 그렇게 많은 이야기를 나눈 것도 처음이었습니다.

"깡통으로 밥을 지을 수 있다는 게 정말 신기해."

경이가 말했습니다.

"그래, 그리고 그건 경이가 생각해낸 거야."

"아빠가 가르쳐줬잖아."

"아니, 아빠는 그저 사방을 둘러보라고만 했을 뿐이야. 나머지는 경이가 해낸 거지. 바라는 일을 꼭 하겠다고 생각하면 반드시 방법이 보인단다. 원하는 것을 이루기 위해 찾아나서는 게 바로 탐험이야."

경이는 한동안 아빠 곁에서 말없이 걷기만 했습니다. 그러다 갑자기 생각난 듯 입을 열었습니다.

"아빠, 예전부터 궁금한 게 있었어."

"말해보렴."

"아빠 생각나? 2학년 땐가, 아빠가 그린란드에서 돌아왔을 때였어. 공항에서 기자 아저씨가 소감이 어떠냐고 묻고 있는데 아빠는 그저 내 목에 이 돌 목걸이를 걸어주면서 그랬잖아. '그래, 좋아'라고 말이야. 기억나?"

"응."

"그게 무슨 뜻이냐고 물어봤지만, 아빠는 계속 '그래, 좋아'라고만 했어. 정말 기억해?"

"그래, 기억해."

"난 그게 참 궁금했어. 그래서 다시 물어보고 싶어. 그게 무슨 뜻이야?"

아빠는 잠시 생각에 잠기더니 마침내 이야기를 시작했습니다.

"그린란드를 탐험할 때 블리자드를 만난 적이 있었단다. 블리자드가 뭔지 알지? 북극의 세찬 눈보라를 블리자드라고 하잖아. 우린 텐트 속에서 발이 꽁꽁 묶인 채 한 치 앞으로도 전진할 수 없었어. 그날 꿈속에서 엄마와 경이를 만났지. 참 행복한 꿈이었단다. 그런데 다음 날 아침, 눈을 떴을 때 침낭에서 나비 한 마리가 쏙 빠져나오더니 어디론가 날아가더구나. 북극에서 나비를 다 보다니, 정말 믿을 수 없는 일이었지. 아빠는 나비가 날아간 뒤에도 멍하니 하늘만 바라보고 있었단다. 그때 아빠가 누워 있던 침낭 밑에서 발견한 돌멩이가 바로 그 목걸이야. 아빠는 그 모든 일들이 우연이라고 생각하지 않아. 나비는 그 돌멩이와 경이를 이어주고 싶었던 거야. 아빠는 평생 동안 세상 곳곳을 탐험했지만, 인생에서 가장 소중한 게 무엇인지를 그제야 깨달았단다. 그리고 바로 그날 아빠의 탐험은 끝이 났지. 공항에서 널 다시 봤을 때, 정말 얼마나 사랑스러웠는지 몰라. 너에게 목걸이를 걸어주면서 아빠는 결심했어. 앞으로 내 인생에서 오직 한 사람만을 대장으로 섬기겠다고 말이야. 아빠의 대장은 바로 경이 너란다. 커가면서 너는 스스로 많은 결정을 내릴 것이고, 그 중에는 도저히 허락하고 싶지 않은 결정도 있을 거야. 하지만 아빠는 네가 내리는 그 어떤 결정도 다 존중하기로 했어. 그래서 미리 대답한 거란다. '그래, 좋아'라고 말이야. 경이야, 아빠는 너의 모든 생각을 존중한단다. 훗날 아빠의 도움이 필요 없어질 때까지 언제나 네 뒤에 서 있을 거야. 네 목걸이를 볼 때마다 아빠는 늘 이 생각을 떠올린단다."

아빠의 이야기가 끝나갈 무렵, 저 멀리 수많은 군인과 경찰들이 보이기 시작했습니다. 그들은 교통이 두절된 곳에서 걸어오고 있는 여섯 명의 행인을 신기한 듯이 바라보았습니다. 일행은 그제야 서로서로 손을 잡고 얼싸안았습니다.

사흘간의 낯선 여행은 그렇게 끝이 났습니다. 군인과 경찰, 그리고 기자들이 몰려와 일행을 에워싸는 동안에도 경이는 아빠의 손을 꼭 잡고 있었습니다.

탐험가 아빠와 함께 보낸 어느 특별한 사흘

태풍이 지나간 다음 날, 버스 한 대가 길을 떠났어요.

하지만 산사태가 나서 더 이상 갈 수가 없게 됐어요.

승객들은 구조대가 올 때까지 기다려야만 했죠.

그런데 어떤 사람들은 걸어서라도 가겠다며 버스에서 내리는 거예요.

그중에는 열두 살 소녀 경이도 있었어요.

경이는 아빠와 함께 외갓집에 가는 길이었죠.

아빠는 길이 아주 험할 거라고 말했지만,

경이는 외갓집에 있는 엄마를 꼭 만나고 싶었어요.

걸어서 가기로 결심한 사람은 경이까지 모두 여섯 명이었어요.

뾰족구두를 신은 아가씨도 있었고,

마당에 널어놓은 오징어를 거두러 가는 아주머니도 있었죠.

손주 결혼식에 늦을까봐 발을 동동 구르는 할아버지도 있었고,

휴가 나왔다가 돌아가는 김 병장도 있었어요.

"경이야, 힘들면 아빠가 업어줄게."

아빠가 말했지만 경이는 아빠 등에 업히는 게 싫었어요.

솔직히 경이는 아빠랑 별로 안 친해요.

아기 때부터 아빠하고 함께 지낸 적이 거의 없었거든요.

아빠는 탐험가였어요. 지금은 과일가게를 하고 있지만,

예전엔 북극이며 남극이며 어디든 멀리멀리 탐험을 떠나곤 했죠.

하지만 아빠는 한 번도 대장을 해본 적이 없어요.

늘 뒷전에 처져서 궂은 일만 도맡아 했죠.

경이는 아빠가 그러는 게 너무 싫었어요.

지금도 아빠는 맨 뒤에서 걷고 있어요.

김 병장이 길을 잘 안다며 앞장을 섰거든요.

하지만 강물이 길을 막는 바람에 산을 타야만 했어요.

게다가 산길도 여기저기 부서져서 길을 찾기가 너무 어려웠죠.

"아빠가 길 좀 찾아봐요."

경이가 한마디 했더니 아빠는 그제야 실력을 보여주었죠.

아빠가 도와준 덕분에 김 병장은 무사히 길을 찾을 수 있었어요.

아빠는 늘 이런 식이에요. 경이가 부탁하기 전까지는

그냥 뒤에서 조용히 걷기만 하는 거예요. 도대체 아빠는 왜 그럴까요?

그러면서도 아빠는 혼자서 아주 많은 일을 해요.

아가씨가 맨발로 걷는 걸 보고는 지푸라기로 신발을 만들어주기도 하고,

장작을 모아다 모닥불을 피운 다음

고구마를 구워서 사람들에게 나눠 주기도 했죠.

헛간에서 다들 쿨쿨 잠들었을 때도 아빠는 밤새도록 모닥불을 지켰어요.

그렇게 하루가 지났지만 아직도 갈 길이 멀어요.

태풍 때문에 길이 다 사라져버렸거든요. 일행은 또 산을 넘을 수밖에 없었어요.

그때 아빠가 경이에게 물었어요.

"경이야, 어떻게 할까? 다시 돌아갈까, 아니면 산을 넘을까?"

경이는 짜증이 났어요. 그래서 그냥 아빠가 알아서 앞장을 서달라고 했죠.

"그래, 경이가 시키는 대로 할게. 하지만 그 대신 아빠 등에 업혀야 한다."

아빠는 경이를 등에 업고 산을 넘기 시작했어요.

하지만 산 너머 마을도 태풍 때문에 모두 부서져 있었어요.

그때 웬 할머니가 달려오더니 도망간 돼지들을 잡아달라고 부탁하는 거예요.

다른 사람들은 갈 길이 바쁘다며 그냥 걷기만 했어요.

하지만 경이는 할머니를 도와주고 싶었죠.

그래서 아빠한테 돼지를 잡아달라고 했어요.

아빠는 경이가 시키는 대로 열심히 돼지를 쫓았어요. 다른 사람들도

아빠를 거들었어요. 할머니는 너무 고맙다며 닭을 삶아주었어요.

그날 밤은 할머니 방에서 다 함께 잠을 잤어요.

다음 날 아침, 경이는 깜짝 놀라고 말았어요.

아빠의 발이 퉁퉁 부어 있지 뭐예요? 게다가 온통 물집투성이였어요.

아빠는 그런 발로 경이를 업은 채 산을 넘고, 돼지를 쫓고 그랬던 거예요.

일행은 다시 길을 떠났어요. 이제 조금만 더 가면 도시를 만날 수 있어요.

경이는 아빠와 나란히 걷다가 이렇게 물었어요.

"아빠, 아빠는 왜 내가 시키는 대로만 해요?

그리고 아빠는 왜 맨날 뒤에서 힘든 일만 해요?"

그러자 아빠는 이렇게 대답했어요.

"아빠는 평생 탐험만 했잖니. 그런데 마지막 탐험이 끝났을 때

이런 생각이 들더구나. 가장 소중한 건 먼 데 있는 게 아니라

아주 가까운 곳에 있었구나, 하고 말이야. 그건 바로 경이 너란다.

그래서 아빠는 앞으로 경이만을 대장으로 섬기겠다고 맹세했어.

경이가 어떤 결정을 내리건 아빠는 경이의 생각을 존중하기로 했어.

그리고 늘 경이 뒤에서 경이만 지켜보며 살기로 했단다."

경이는 그제야 아빠의 마음을 알 것 같았어요.

그렇게 사흘간의 모험이 끝나 갈 때 경이는 아빠 손을 꼭 잡고 있었어요.

"존중의 힘으로 아이는 자라요."

아가야, 넌 잘 모르겠지만 예전엔 부모가 명령하고,

아이는 무조건 따라야 한다고 생각하던 때가 있었단다.

그저 아이가 어리다는 이유로 아이의 인격을 무시하곤 했었지.

하지만 지금은 생각이 달라졌어.

아주 사소한 일이라도 아이의 생각을 묻고,

또 그 생각을 존중해야 한다고 생각하는 부모들이 많아졌거든.

엄마도 그래.

너의 생각, 너의 느낌 모두를 아끼고 존중할 거야.

그래서 우리 아기가 주도적인 아이로 클 수 있게 도와줄 거야.

주도적이란 말이 좀 어렵니?

그건 스스로 생각하고, 스스로 행동한다는 뜻이야.

누가 시켜서 마지못해 하거나

싫은데도 억지로 하는 건 좋지 않단다.

왜냐하면 그건 자기만의 경험이 될 수 없기 때문이지.

아이가 자란다는 건 자기만의 경험을 쌓는다는 뜻이야.

누가 시켜서가 아니라 자기가 원해서 해야

그 경험이 온전히 자기 것이 되는 거란다.

설령 실패를 해도 큰 문제는 없어.

그렇게 실패하면서 배울 수 있는 게 참 많거든.

용기나 끈기, 도전 같은 것들이 바로 그거야.

한마디로 마음이 강해진다는 뜻이지.

어쩌면 그렇게 해서 배운 것들이야말로

인생에서 가장 소중한 자산일지도 몰라.

엄마는 네가 그런 소중한 것들을 가질 수 있으면 좋겠어.

그리고 너의 모든 생각과 느낌을 존중할게.

그래서 지금 미리 말해주고 싶구나.

'그래, 좋아'라고 말이야.

조금은 게을러도 좋아요

아카시아 잎을 하나둘씩 떼어내는 아이가 있었습니다. 아이가 지나간 길 위에 발자국처럼 이파리가 남아 있었죠. 잎을 다 떼어내자 가느다란 잎자루만 남았습니다.

"혼자서 가위바위보 놀이 하는 거니?"

"아니요, 친구한테 막 화가 나서요."

아이는 화가 날 때마다 아카시아 잎을 떼어낸다고 합니다. 한 잎, 두 잎 떼어낼 때마다 마음속에 들어와 있는 화가 잎자루처럼 앙상해지는 모습을 상상한다는 겁니다.

"그래도 화가 안 풀리면 어떡하지?"

"그럼 또 따면 되죠."

계속 이야기를 나누고 싶어지는 아이입니다. 아이의 '감정 다스리기' 놀이는 아카시아 잎 말고도 여러 가지가 있다고 합니다. 슬플 때는 물을 한 줌 꼭 쥐어 손바닥에 줄줄 떨어뜨리고, 우울할 때는 버들강아지로 손등을 간질인답니다. 문득 아이의 엄마가 어떤 사람인지 궁금해집니다.

"엄마하고 이런 놀이 자주 하니?"

아이는 고개를 끄덕이며 맑게 웃습니다. 아이와 함께 걸으며 이런 저런 상상을 해봅니다. 엄마와 아이가 마주앉아 '감정'이라는 이름의 장난감을 가지고 노는 모습이 떠오릅니다. 살면서 무수히 만나게 될 수많은 감정을 만지고, 껴안고, 쓰다듬으며 스스로 다스릴 줄 아는 아이가 참 부럽습니다.

정서지능이 빛을 발하는 것은 바로 이런 순간들입니다. 즐겁고 행복한 순간을 기쁘게 누리는 것은 누구나 할 수 있는 일이지만, 화가 나거나 불안, 걱정, 두려움 같은 부정적인 감정 상태에 놓였을 때 어떻게 마음의 균형을 유지하느냐에 따라 정서지능의 높낮이가 드러나게 마련입니다.

정서지능이 높은 아이는 힘든 상황에서 부정적인 감정이 밀려올 때 그 감정을 그대로 방치해두지 않습니다. 오히려 스스로 좋은 감정을 느낄 수 있도록 행동함으로써 정서적 균형 상태를 유지하고자 합니다. 이것을 정서지능에 있어 '자기조절 능력'이라고 합니다. 이러한 능력이 깊을수록 자신은 물론 타인의 감정까지도 이해하고 조절할 수 있게 되죠. 정서지능이 높은 사람 주변에 친구가 많은 것도 바로 이런 이유입니다.

물론 감정을 다스리고 마음을 잘 관리하는 것은 어른에게도 무척 어려운 일입니다. 하지만 이것은 우리가 감정이란 것을 그만큼 소홀히 대해왔다는 반증이기도 하죠. 우리는 오랫동안 감정을 억누르고 이겨내야 하는 것으로 여겨왔고, 그래야만 의지가 강한 사람으로 평가받았습니다. 감정을 정확히 인식하고 이해하며 지혜롭게 조절하는 훈련을 받아본 적은 거의 없다고 해도 과언이 아닙니다. 그래서 오늘날 성인이 되어서도 여전히 충동 조절이나 스트레스 관리에 서툰 경우를 쉽게 목격할 수 있습니다.

하지만 정서지능에 대한 인식과 필요성을 깨달은 부모 밑에서 어릴 때부터 제대로 정서 조절 훈련을 받은 아이들은 감정적으로 힘든 상황이 닥쳐도 '어떻게 하면 이런 감정에서 벗어날 수 있을까?'라는 구체적인 노력을 시도합니다.

한번 상상해보세요. 사랑하는 내 아이가 부정적인 상황에서도 스스로 좋은 감정을 선택할 수 있을 만큼 자유로운 존재로 성장해가는 모습을.

'행복은 주어지는 것이 아니라 선택하는 것'이라고 합니다. 그리고 정서지능은 실패하지 않는 능력이 아니라 실패를 새로운 도전으로 바꾸는 능력입니다.

사람들은 시련이 닥치면 본능적으로 한숨을 짓고 우울감에 사로잡히게 마련입니다. 하지만 어떤 사람들은 오히려 끈기와 몰입, 기대, 희망을 발휘하기도 합니다. 이러한 능력 또한 정서 조절 능력에서 비롯됩니다.

그 유명한 마시멜로 실험에서도 밝혀졌듯이 정서지능이 높은 아이들은 더 큰 행복을 위해 눈앞의 욕망을 참아낼 줄 압니다. 이는 머리가 똑똑해서가 아니라 마음이 똑똑하기 때문에 가능한 것이죠. 이러한 능력은 선천적인 재능이기도 하지만 후천적인 환경에서도 얼마든지 싹틀 수 있습니다. 여기서 후천적인 환경이란 태내 환경, 즉 태교까지 포함되며, 이때 엄마의 정서적 안정이 가장 중요하게 작용합니다.

한 연구에 의하면 태아는 엄마의 감정상태보다 더 증폭된 형태로 정서적 자극을 받는다고 합니다. 그래서 엄마가 느끼는 행복보다 태아가 느끼는 행복의 강도가 더 강하고, 반대로 엄마의 스트레스 역시 태아에게 더 크게 전달될 수 있다는 뜻이죠. 이 사실만 놓고 봐도 엄마의 정서적 안정은 아무리 강조해도 지나치지 않습니다. 이런 점에서 태아의 두뇌발달을 위해 학습 위주로 행하는 태교 방식이 과연 효과적인가에 대해서는 회의적인 견해를 가진 전문가들도 많습니다. 왜냐하면 좋은 엄마가 되기 위한 일련의 노력들이 오히려 스트레스로 이어질 가능성이 크기 때문이죠. 반대로 엄마와 태아 사이의 정서교감이 중요하다는 점에는 모든 전문가들이 동의하고 있습니다.

상업화된 태교법에 회의를 느끼는 일부 엄마들은 오히려 게으름을 택하기도 합니다. 예를 들어 엄마가 느끼기에 별 재미도 없고 식상한 학습동화를 억지로 읽어주기보다는 차라리 공원을 거닐거나 잔잔한 음악이 흐르는 카페에서 편안한 시간을 보내는 게 더 낫다는 입장이죠.

엄마가 행복해야 아이가 행복합니다. 엄마가 행복을 선택할 줄 알아야 아이도 스스로 행복을 선택할 수 있습니다. 그러니 아이를 위해 스트레스를 참으면서까지 무언가를 해야 할 필요는 없습니다. 정서적 안정을 위해서라면 조금은 게을러도 좋습니다.

내 마 음 에
숲 이 자 라 고 있 어

'마 음 의 숲'을 가 꾸 는 이 야 기

가끔은 눈을 감고 빛을 느껴보세요.
어디선가 나의 꿈을 비춰주는 등대가 보일 거예요.

또 가끔은 엉뚱한 상상을 해보세요.
희망은 상상 속에서도 얼마든지 만날 수 있어요.

즐거움, 기쁨, 행복이 느껴지면 마음 깊이 심어두세요.
그 씨앗이 자라 풍요로운 숲이 될 거예요.

도시의
등대지기

어느 허름한 소극장에서 허드렛일을 하며 살아가는 젊은이가 있었습니다. 그는 청소를 하다가도 배우들이 연습하는 모습을 멍하니 바라보곤 했습니다. 그런데 공연을 열흘 앞둔 어느 날, 배우 한 명이 말도 없이 사라지는 바람에 난리가 났습니다. 연출가는 생각다 못해 젊은이에게 배역을 맡겨보기로 했습니다. 엉겁결에 무대에 오른 그는 배우들 틈에 끼어 생전 처음으로 연기를 했습니다. 대사는 서너 줄뿐이고, 극이 끝날 때까지 무대 한 구석에 줄곧 서 있는 역할이었습니다.

열흘 뒤, 가까스로 막이 오르고 연극이 시작되었습니다. 하지만 연극은 사흘을 넘기지 못하고 막을 내려야 했습니다. 사흘 동안 관객은 고작 다섯 명뿐이었습니다. 연극은 실패했고 배우들은 말없이 짐을 싸들고 떠나버렸습니다.

그날 밤 젊은이는 어두운 객석에 서서 텅 빈 무대를

바라보았습니다. 조명이 꺼진 무대 위로 희미한 빛이 새어 들어왔습니다. 그 빛이 어디서 오는 건지 알 수는 없었지만 그는 한 발, 두 발, 알 수 없는 힘에 이끌려 무대 위로 천천히 걸음을 옮겼습니다. 그러고는 희미하게 빛나는 무대 한가운데 서서 객석을 바라보았습니다. 이제껏 조명이 꺼진 객석처럼 어두운 삶을 살아왔지만, 지금 이 순간 그는 무대 위에 서 있습니다. 잠시 후 그는 자신을 향한 독백을 시작합니다.

"다시는 저 객석으로 내려가고 싶지 않아."

그 순간 마치 2막을 위한 암전처럼 무대를 비추던 빛이 꺼졌습니다.

등대지기는 소극장의 무대를 비추던 등댓불을 잠시 끄고 차를 끓입니다. 그러고는 도시가 한눈에 내려다보이는 창가에 앉아 느긋하게 차를 마십니다. 모처럼 기분 좋은 하루입니다.

'젊은이가 배우로 성공할 수 있을까?'

궁금했지만 등대지기의 역할은 이제 끝났습니다. 사람들마다 잊고 있던 오랜 꿈을 만나게 해주는 것, 거기까지가 등대지기의 역할이고 나머지는 본인들 몫입니다.

등대지기는 아주 오래전부터 부지런히 빛을 밝혀왔습니다. 그는 도시의 구석구석까지 비출 수 있지만, 그 빛이 어디서 오는지 아는 사람은 아무도 없습니다. 사람들은 빌딩 꼭대기에 등대가 있다는 사실조차 모릅니다. 왜냐하면 등대는 보이지 않는 세계에 속해 있기 때문입니다.

　이 세상이 보이는 세계와 보이지 않는 세계로 나뉘어 있다는 사실을 아는 사람은 그리 많지 않습니다. 설령 알더라도 보이지 않는 세계를 눈으로 직접 볼 수 있는 사람은 아무도 없습니다. 그래서 어느 날 꼬마 녀석 하나가 "들어가도 돼요?" 하고 문틈으로 살짝 고개를 들이밀었을 때 등대지기는 너무 놀라 찻잔을 떨어뜨리고 말았습니다.

　꼬마는 마치 놀이터라도 되는 양 제멋대로 휘젓고 다녔습니다.

"할아버지, 여긴 어디에요?"

"등대지."

"치, 그건 바다에 있는 거잖아요. 엉터리."

등대지기는 난감했습니다. 그제야 아주 오래전, 전임자가 은퇴하면서 했던 말이 떠올랐습니다.

"어린 녀석들을 조심하게. 특히 상상력이 뛰어난 녀석들을 조심해야 돼. 간혹 백 년에 한 번 꼴로 등대를 볼 수 있는 녀석이 나타나기도 하거든. 게다가 호기심도 많아서 아주 성가시게 군다네. 물론 녀석들이 저 문으로 들어올 가능성은 거의 없지만 그래도 반드시 빗장을 걸어놓도록 하게."

　등대지기도 처음엔 빗장을 걸어놨습니다. 하지만 백 년 가까이 아무 일도 없었기 때문에 나중엔 아예 문을 활짝 열어두었습니다. 그러다가 이제 와서 아주 제대로

임자를 만난 겁니다. 꼬마는 도시가 한눈에 내려다보이는 커다란 창문에 달라붙어 와와, 감탄하더니 어느새 주방으로 들어가 아껴둔 샌드위치를 집어 들었습니다.

"이거 먹어도 돼요?"

등대지기는 문을 활짝 열고는 나가라고 손짓했습니다.

"그 샌드위치 줄 테니 여기서 나가주지 않겠니? 난 무척 바쁘단다."

하지만 꼬마는 들은 척 만 척 창문 앞에만 달라붙어 있습니다.

등대지기는 어쩔 수 없이 꼬마를 내버려둔 채 다시 등댓불을 비추기 시작했습니다. 오늘 그가 비춰야 할 곳은 시내의 작은 헌책방입니다. 거기엔 오래전에 절판된 낡은 책 한 권이 꽂혀 있습니다. 사업에 실패한 50대의 사내가 그 책을 꺼내들기만 하면 등내시기의 오늘 임무는 끝이 납니다. 그 책에는 사내가 꼭 읽어야 할 구절이 들어 있습니다. 앞서 두 번의 기회가 있었지만 사내는 번번이 엉뚱한 책만 들추었습니다.

'오늘은 좀 기대해볼까?'

등대지기는 열심히 그 책을 비췄습니다. 꼬마 녀석도 어느새 등대지기 곁에 바싹 붙어 앉았습니다.

"얘야, 너 이름이 뭐냐?"

"꾸니예요, 꾸니!"

"꾸니야, 저기 저 아저씨가 책 한 권을 꺼낼 때까지 얌전히 있어야 한다."

"네!"

헌책방으로 들어선 사내는 외투 주머니에 두 손을 꽂은 채 눈으로만 책을 훑습니다. 그러다 등댓불이 비추는 낡은 책에 잠시 시선을 멈추었습니다. 등대지기는 미소를 지었습니다. 이제 사내가 책을 꺼내는 건 시간문제입니다. 하지만 사내는 또 엉뚱한 책을 꺼내들더니 계산대 앞으로 걸어갑니다.

"눈앞에 있는 보물을 놓치다니……."

등대지기는 등명기에 걸려 있는 업무일지에 '헌책방 3차 조명 실패'라고 적어 넣으며 낮게 한숨을 내쉬었습니다.

"저 책이 보물이에요?"

"그래. 그런데 꾸니야, 오늘은 그만 놀고 내일 다시 올래?"

"정말요? 또 와도 돼요? 와, 신난다!"

꾸니는 두 팔을 머리 위로 구부리며 하트 인사를 합니다. 등대지기도 얼떨결에 하트 인사를 따라 하고는 문을 닫고 빗장을 걸었습니다.

'녀석이 다시 찾아오더라도 등대를 발견할 수는 없겠지. 그저 텅 빈 옥상만 보일 테니까.'

보이는 세계의 사람이 어쩌다 한 번 등대를 볼 수는 있어도 그건 순전히 우연에 불과한 일입니다. 보이지 않는 세계의 주민이 아닌 이상 매번 등대를 볼 수는 없습니다.

'귀여운 녀석이지만 다시 볼 일은 없을 게야.'

하지만 그로부터 한 달 뒤 등대지기는 쾅쾅쾅 문 두드리는 소리에 깜짝 놀라고 말았습니다. 설마 하고 있는데, 문을 열고 들어온 꾸니가 하트 인사를 하더니 과자 봉지를 불쑥 내밀었습니다.

“이거 엄청 맛있어요.”

그러고는 또 강아지처럼 이리저리 기웃거리는 것이었습니다.

한 달 사이에 꾸니는 키가 좀 더 자랐습니다. 나이도 한 살 더 먹어서인지 제법 소년티가 납니다. 등대 안의 시간과 등대 밖의 시간이 서로 다르게 흐른다는 사실을 알고 있는 등대지기는 그다지 놀라지 않았습니다. 보이지 않는 세계의 한 달은 보이는 세계의 일 년과 맞먹습니다.

“정말 이상해요, 그동안 등대가 안 보였거든요.”

이상하긴 등대지기도 마찬가지입니다. 어째서 이 녀석 눈에는 자꾸 등대가 보이는 걸까?

“꾸니야, 잘 들어라. 사실 여긴 보이지 않는 세계란다. 등대도, 등댓불도 볼 수 없어. 그러니까 보통 사람은 올 수 없는 곳에 네가 와 있는 게야. 그것도 두 번씩이나 말이다.”

“그럼 할아버지는 누구세요?”

“나야 보다시피 등대지기지. 나는 보이지 않는 세계의 사람이야. 지금 이렇게 서로 다른 세계의 사람들끼리 이야기를 나누고 있다는 게 나도 그저 신기할 따름이구나.”

“사는 데가 다르면 어때요, 전 할아버지가 좋은걸요.”

등대지기는 갑자기 꿀 먹은 벙어리가 되고 말았습니다.

사실 보이지 않는 세계에서 등대지기가 된다는 것은 대단히 거룩하고도 명예로운 일입니다. 비록 평생을 혼자 지내야 하는 외로운 임무이긴 하지만, 그래도 우주에서 가장 의미 있는 직업임에는 틀림없습니다. 그런데 꾸니의 말을 듣는 순간, 등대지기는 문득 이 일을 너무 오랫동안 해왔다는 생각이 들었습니다. 누군가로부터 좋아한다는 말을 듣는다는 게 이토록 감미로운 줄도 잊고 살 만큼 외롭게 살아왔던 겁니다.

'이제 나도 은퇴할 때가 됐나보군.'

하지만 등대지기는 이제 갓 백 살을 넘겼을 뿐입니다. 보이지 않는 세계의 등대지기는 적어도 이백 살은 되어야 후임자를 맞을 수 있습니다.

등대지기는 꾸니에게 음식을 푸짐하게 차려주었습니다. 녀석은 빵이며 고기며 볼이 터지도록 먹어치웠습니다.

"할아버지는 왜 등댓불을 비추세요?"

"사람들이 꿈을 찾을 수 있게 도와주는 거란다. 꿈을 찾아야 자기 시간을 살아갈 수 있거든."

"자기 시간이요? 그게 뭔데요?"

“글쎄다, 자기 시간을 사는 사람들은 고단해도 즐겁고, 힘들어도 행복하지.”

꾸니는 등대지기가 하는 말을 잘 알아들을 수가 없었습니다. 등대지기는 꾸니에게 물을 따라준 뒤 의자에 푹 기대앉았습니다.

“얘야, 넌 잘 모르겠지만 사실 사람이 한 명 태어날 때마다 꿈도 함께 태어난단다. 다만 사람은 보이는 세계에서 태어나고, 꿈은 보이지 않는 세계에서 태어날 뿐이지.”

“쌍둥이처럼요?”

“그래, 하지만 꿈은 꼭 씨앗처럼 생겼지. 한 번 볼래?”

등대지기는 커다란 렌즈가 달린 등명기를 움직여 어느 한 곳을 비추었습니다. 그러자 보이지 않는 세계의 푸른 들판이 펼쳐졌습니다. 들판에는 수많은 씨앗들이 잠들어 있었습니다.

“와, 신기하다! 저 씨앗들이 전부 꿈이에요?”

“그렇단다.”

“그럼 언제 싹이 터요?”

“싹이 트고 안 트고는 사람한테 달린 일이지. 사람이 살면서 자기 꿈이 뭔지 알게 될 때까지는 싹이 트지 않아. 어떤 씨앗들은 영원히 싹을 틔우지 못하기도 한단다.”

“그럼 어떻게 돼요?”

“씨앗도 사람도 쓸쓸히 살다 가는 거지. 제짝을 만나지 못한 씨앗은 그냥 말라서 먼지가 되고 만단다.”

“어떻게 그럴 수 있죠? 자기 꿈인데 왜 못 만나요?”

"살면서 잊어버리거나 자꾸 미루다가 놓쳐버리기 때문이야. 그래서 이렇게 등 댓불을 비추고 있잖니. 사람들이 자기 꿈을 찾을 수 있도록 말이다. 물론 이 등댓불은 꿈을 직접 비추지는 못해. 다만 사람들이 꿈을 만나러 가는 길에 이정표가 될 만한 표지들을 비출 뿐이야. 꼭 만나야 할 사건, 꼭 만나야 할 사람, 꼭 만나야 할 책 같은 것들이지, 알겠니?"

등대지기는 다시 등명기를 움직여 보이지 않는 세계의 푸른 들판을 비추었습니다. 거기엔 탐스런 열매가 주렁주렁 매달린 커다란 나무가 서 있었습니다.

"저건 얼마 전에 배우의 꿈을 찾게 된 어느 젊은이의 나무란다."

꾸니는 오래도록 그 나무에서 눈을 떼지 못했습니다.

"할아버지, 혹시 제 씨앗도 있나요?"

등대지기는 미소를 띠며 또 다른 곳을 비추었습니다. 산으로 이어진 어느 언덕 위에 작고 앙증맞은 씨앗이 새근새근 잠을 자고 있었습니다.

"아직 잠들어 있네요."

꾸니가 시무룩한 표정으로 말했습니다.

"언젠가 너만의 꿈을 만나게 되면 반드시 싹을 틔울 게야."

"제 꿈이 뭔데요?"

"이 녀석아, 그걸 나한테 물어보면 어떡해? 남이 말해주는 꿈은 절대로 자기 꿈이 될 수 없어. 너 스스로 알아내야지."

꾸니는 한동안 언덕 위의 작은 씨앗에서 눈을 떼지 못했습니다. 등대지기는 이 어린 친구가 자기 씨앗을 실컷 보게 하고 싶었지만, 등대 밖의 시간이 하루를 넘기기 전에 일찍 보내야만 했습니다.

"또 와도 돼요?"

꾸니가 문간에 서서 물었습니다. 등대지기는 고개를 끄덕였습니다.

"할아버지, 사실은 제 꿈이 뭔지 알아요."

"호오, 그래?"

"전 화가가 될 거예요."

꾸니는 등대지기에게 하트 인사를 하고는 등대를 떠났습니다.

그날 이후 꾸니는 더 이상 찾아오지 않았습니다.

그 사이 등대 안에서는 석 달이 지났고 창밖으로는 3년이 흘렀습니다. 등대지기는 늘 빗장을 열어두고 있었지만 문은 열리지 않았습니다. 딱 한 번, 꾸니가 등대 근처까지 왔다가 문을 찾지 못해 두리번거리는 모습을 본 적이 있습니다. 등대지기는 창문으로 꾸니를 보면서 안타까워했습니다. 문은 안에서 열면 보이지 않는 세계로 통하기 때문에 꼭 밖에서 열어야만 합니다.

"조금만 왼쪽으로, 그래 이제 손만 내밀면 문고리를 잡을 수 있어."

하지만 꾸니는 이리저리 헤매다 결국 뒤돌아서고 말았습니다. 등대지기는 고개를 숙인 채 옥상을 떠나는 꾸니의 뒷모습에서 오래도록 눈을 뗄 수가 없었습니다.

'녀석, 어느새 사춘기 소년이 다 됐구나.'

등대지기는 꾸니가 더 이상 등대를 기억하지 못할 거라는 사실을 잘 알고 있었습니다. 등대가 보이지 않는다는 것은 기억에서 사라지고 있다는 뜻입니다. 등대에 대한 기억과 함께 등대지기에 대한 기억, 그리고 함께 나누었던 이야기들마저 이제 모두 사라질 겁니다. 사람들이 보이지 않는 세계를 볼 수 없는 까닭이 바로 거기에 있었습니다.

그 뒤로도 낮과 밤이 수없이 바뀌었습니다.

등대지기는 늘 그렇듯 자기 임무에 충실했습니다. 동이 트면 잠자리에 들고 점심 무렵에 일어나 하루 일과를 시작했습니다. 하루 동안 등댓불을 비춰야 할 곳을 미리 살펴본 뒤 해가 지면 그때부터 등명기를 켜고 도시의 구석구석을 비추었습니다. 이따금 그는 창가에 서서 차를 마시거나 난로 옆에 앉아 꾸벅꾸벅 졸기도 했습니다. 그러다 깜짝 놀란 듯 문 쪽을 쳐다보거나 꾸니가 즐겨 앉던 의자를 하염없이 바라보기도 했습니다. 등대지기의 일과는 달라진 게 없었지만, 마음속 풍경은 전과 같지 않았습니다.

등대지기는 틈만 나면 꾸니를 비추곤 했습니다. 그는 커다란 창문 밖으로 꾸니가 한 해, 두 해 커가는 모습을 지켜보며 흐뭇하게 미소를 지었습니다. 등대 안에서 일 년이 흐르는 사이 꾸니는 어느새 건장한 20대 청년이 되었습니다.

'녀석은 화가가 되고 싶어 했지.'

등대지기는 꾸니가 자신의 꿈을 잃지 않고 살아가도록 늘 빛을 비춰주었습니다. 하지만 꾸니는 구태여 등댓불이 없어도 가야 할 곳을 너무나 잘 알고 있었습니다. 미술부의 다른 친구들이 무엇을 어떻게 그려야 할지 고민할 때에도 꾸니는 거침없이 붓을 놀리며 자기만의 그림을 그려나갔습니다.

'녀석, 상도 참 많이 탔구나.'

등대지기는 꾸니의 방에 놓여 있는 수많은 메달과 트로피를 비춰보곤 했습니다. 꾸니는 도시에서 가장 유명한 미술대학에 진학했고, 거기서도 유감없이 실력을 발휘했습니다. 교수들은 꾸니에게 '화가가 되기 위해 태어난 사람'이라고 했습니다. 하지만 꾸니는 어떤 칭찬을 들어도 표정에 변화가 없었습니다. 일찌감치 자기 꿈이 뭔지 알고 누구보다 빨리 성공가도를 달리고 있었지만 꾸니의 표정은 늘 어두웠습니다. 사실 그건 등대지기도 마찬가지였습니다. 처음에 그는 꾸니가 자신의 꿈을 이미 찾았다고 생각했습니다. 하지만 푸른 언덕에서 잠자고 있는 꾸니의 씨앗은 여전히 싹을 틔우지 못했습니다.

'뭐가 잘못된 걸까? 왜 싹이 트지 않을까?'

꾸니의 씨앗은 분명 화가의 꿈을 품고 있었고, 꾸니 역시 그 길을 걸어가고 있는데도 씨앗은 여전히 싹을 틔우지 못했습니다. 등대지기는 날마다 꾸니의 어두운 표정을 지켜보며 한숨을 지었습니다.

그런 어느 날 도시의 그 어디에서도 꾸니의 모습이 보이지 않았습니다. 꾸니가 도시를 벗어나 외국으로 유학을 떠났기 때문입니다.

'그래, 훨훨 날아가렴. 어쩌면 너의 꿈은 그냥 화가가 되는 게 아닐지도 몰라. 세상을 바꿀 만큼 위대한 화가가 되는 게 너의 꿈일 거야. 그때쯤이면 너의 씨앗도 싹을 틔우겠지.'

등대지기는 꾸니에게 축복을 빌어주었습니다.

봄이 가고 여름, 가을이 지나 겨울이 왔습니다. 그리고 또 봄이 오고 여름, 가을 겨울이 찾아왔습니다. 등대 안에서 3년이 흐르는 동안 도시에서는 30년 넘는 세월이 흘렀습니다. 그것은 등대지기에게도 너무 긴 시간이었습니다.

'녀석, 이제 나이가 꽤 들었겠군.'

도시를 떠난 꾸니는 아직 돌아오지 않았고, 언덕 위의 씨앗도 여전히 잠들어 있었습니다. 등대지기는 서서히 지쳐갔습니다. 이제 등대를 떠나 편안히 여생을 보내고 싶은 마음만 점점 커졌습니다.

도시의 하늘 위로 첫눈이 내리던 어느 날, 등대지기는 느릿느릿 등명기를 켜고 하루 일과를 준비했습니다. 등댓불이 어둑어둑해지는 도시의 거리를 비추자마자 등대지기는 뭔가 모를 흥분이 느껴졌습니다. 마음이 가리키는 곳을 향해 등댓불을 돌리는 순간, 그의 눈에 낯익은 얼굴이 들어왔습니다.

'돌아왔구나!'

머리카락은 희끗희끗해지고 이마에 주름살도 생겼지만 꾸니가 틀림없었습니다. 그리고 그 옆에는 아내와 세 자녀가 활짝 웃고 있었습니다. 아주 오랜만에 등대지기의 얼굴에도 미소가 피어났습니다. 꾸니는 유명한 화가가 되어 돌아왔습니다. 기자들이 구름처럼 몰려들어 꾸니와 가족을 취재했고, 수많은 군중이 그를 에워쌌습니다.

'그래, 바로 그거야. 장하다, 꾸니야!'

등대지기는 재빨리 보이지 않는 세계의 언덕으로 눈길을 돌렸습니다. 하지만 꾸니의 씨앗은 여전히 잠을 자고 있었습니다.

'도대체 왜? 왜 아직 깨어나지 않는 거야?'

등대지기는 화가 날 지경이었습니다.

꾸니는 자기가 다녔던 대학의 교수가 되어 작품 활동을 계속해나갔습니다. 작품은 아주 비싼 값에 팔렸고, 그의 가르침을 받기 위해 세계 곳곳에서 제자들이 줄을 이었습니다.

등대지기는 날마다 꾸니를 지켜보았습니다. 늘 사람들에게 둘러싸인 채 웃고 떠들며 즐거운 시간을 보냈지만, 사실 꾸니의 표정에서는 진정한 행복이 느껴지지 않았습니다. 등대지기는 행복한 표정이 어떤 것인지 잘 알고 있었습니다.

'행복한 표정이란 혼자 있는 시간에야 비로소 나타나는 거지.'

꾸니는 밤마다 혼자서 깊은 한숨만 내쉬곤 했습니다. 그럴 때면 등대지기도 덩달아 한숨을 지었습니다.

언제부터인가 꾸니는 혼자서 도시의 변두리를 배회하기 시작했습니다. 등대지기는 다른 사람들을 비추다가도 틈만 나면 꾸니를 지켜보곤 했습니다. 꾸니는 기다란 코트를 걸치고 옷깃을 세운 채 우수에 젖은 얼굴로 변두리 곳곳을 거닐었습니다. 세상의 그 누구도 꾸니의 허전한 마음을 채워주지 못할 것만 같았습니다.

겨울이 끝나가던 어느 날, 꾸니는 쓰레기가 잔뜩 쌓인 판자촌으로 발길을 옮겼습니다. 그곳은 도시에서 밀려난 가난한 사람들, 거리에서 구걸하며 살아가는 사람들이 모여 사는 빈민촌이었습니다. 악취가 풍기고 흙탕물이 고여 있는 그곳에서 꾸니는 꽤 오랫동안 서성거렸습니다. 판자촌의 주민들은 양지바른 공터에 쪼그리고 앉은 채 물끄러미 꾸니를 바라보기만 했습니다. 그들의 눈에서는 그 어떤 희망도 보이지 않았습니다.

아주 오래전, 등대지기는 그 판자촌을 향해 등댓불을 열심히 비춘 적이 있었습니다. 그곳의 주민들 중에 단 한 명이라도 자신의 씨앗을 만나기를 간절히 바란 적이 있었습니다. 하지만 그는 끝내 포기할 수밖에 없었습니다. 그들은 기회가 코앞에 닥쳐도 그저 멍하니 바라보기만 했습니다. 살면서 세상으로부터, 그리고 자기 자신으로부터 너무나 많은 배신을 당했기 때문에 이제 그들은 희망이란 것을 믿지 않았습니다.

"꾸니야, 거기서 나와. 거긴 네가 있을 곳이 아니야."

등대지기는 마치 꾸니가 곁에 있는 듯 중얼거렸습니다. 그때 갑자기 꾸니가 고개를 퍼뜩 치켜 올리더니 사방을 두리번거렸습니다. 등대지기는 숨을 죽였습니다.

"꾸니야, 혹시 내 목소리가 들리는 게냐?"

꾸니는 계속해서 주변을 두리번거리며 걸음을 옮겼습니다. 그러다 쓰레기와 잡초가 뒤죽박죽 쌓여 있는 어느 담벼락 앞에서 갑자기 뚝 멈춰 섰습니다. 꾸니는 온갖 낙서로 지저분해진 담벼락을 뚫어지게 쳐다보았습니다. 마치 커다란 캔버스 앞에서 영감이 찾아오기를 기다리는 것 같은 모습이었습니다. 잠시 후 꾸니는 쓰레기 더미 속에서 쓰다 만 페인트 통과 털 빠진 붓 하나를 찾아냈습니다. 그리고는 담벼락에 페인트칠을 하기 시작했습니다.

'대체 뭘 하려는 걸까?'

잠시 후 등대지기는 깜짝 놀라고 말았습니다. 담벼락에 보이지 않는 세계의 언덕이 그려져 있었습니다.

'이럴 수가!'

오래전 아직 코흘리개였을 때 단 한 번 본 풍경을 꾸니는 정확히 기억하고 있었습니다. 어느새 꾸니의 등 뒤로는 판자촌 주민들이 뭉게뭉게 모여들었습니다. 그것은 단순한 그림이 아니라 전혀 새로운 풍경이었습니다. 늘 어둡고 지저분했던 판자촌의 한쪽 구석이 갑자기 확 달라진 느낌이었습니다.

그날 이후 꾸니는 커다란 화구를 챙겨 들고 매일매일 판자촌을 찾았습니다. 그리고 부서진 벽과 녹슨 대문, 버려진 폐가의 지붕 위에 그림을 그렸습니다. 녹슨 대문에는 배우가 된 어느 청년의 나무를 그렸고, 폐가의 지붕 위에는 보이지 않는 세계의 푸른 초원을 그렸습니다. 그림 하나를 완성할 때마다 판자촌은 점점 다른 세상으로 바뀌어갔습니다.

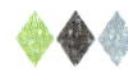

언제부터인가 실의에 젖은 채 꼼짝도 하지 않던 주민들이 하나둘씩 모여들어 쓰레기를 치우기 시작했습니다. 흙탕물로 가득했던 길 위에 모래를 깔고 그 위에 돌을 놓아 자갈길도 만들었습니다. 꾸니가 그린 그림 주변에는 누가 심었는지 들꽃이 바람에 살랑였습니다.

시간이 흐를수록 판자촌은 마치 동화 속의 놀이동산처럼 아름답게 변해갔습니다. 판자촌으로 구경꾼들이 몰려들기 시작한 것도 그즈음입니다. 우연히 그곳을 지나가던 젊은 남녀가 입소문을 내기 시작하자 삽시간에 화제의 장소로 떠오른 겁니다. 판자촌의 주민들은 넘쳐나는 관광객들을 위해 차를 팔기 시작했고, 낡은 폐가들은 식당과 휴게소로 바뀌었습니다.

'내가 하지 못한 일을 꾸니가 해냈구나.'

등대지기는 눈시울이 뜨거워졌습니다.

어느 날 꾸니는 맨 처음 그림을 그렸던 담벼락 앞에 다시 섰습니다. 그리고 푸른 언덕 위에다 작은 씨앗을 그려 넣었습니다. 등대지기는 그것이 꾸니의 씨앗이라는 것을 대번에 알 수 있었습니다. 잠시 후 꾸니는 수많은 구경꾼들이 지켜보는 가운데 씨앗 위에다 새싹을 그려 넣었습니다. 그림이 완성되자 구경꾼들이 박수를 쳤습니다.

그때 등대 안에서는 더욱 놀라운 일이 벌어졌습니다. 보이지 않는 세계의 언덕 위에 있던 꾸니의 씨앗이 사라진 겁니다. 그 씨앗은 어느새 꾸니가 그린 그림 속으로 들어가 있었습니다.

곧이어 꾸니는 박수갈채에 아랑곳없이 어디론가 걸어가더니 커다란 거울 하나를 들고 나타났습니다. 그러고는 거울로 햇빛을 반사시키기 시작했습니다. 빛은 곧장 도시의 어느 높다란 빌딩 꼭대기로 향했습니다.

등대지기는 눈이 부셨습니다. 언제나 빛을 비춰주기만 하던 그는 창밖의 세계에서 날아온 빛을 감당하기 어려웠습니다. 그 빛 속에서 등대지기는 꾸니를 보았습니다. 꾸니는 판자촌 입구에 서서 두 손을 머리로 구부린 채 하트 인사를 하고 있었습니다.

“그래, 오랜만이다, 꾸니야!”
등대지기는 꾸니를 향해 하트 인사를 보냈습니다.

도시의 등대지기

높은 빌딩에 늙은 등대지기가 살았어요.

등대지기는 꿈을 잃어버린 사람들에게 빛을 비춰주었죠.

하지만 사람들은 등대지기를 볼 수 없었어요.

등대지기는 사람들 눈에 보이지 않았거든요.

딱 한 번, 꾸니라는 꼬마가 등대지기를 찾아온 적이 있었어요.

아무래도 호기심 많고 상상력이 풍부하면,

다른 사람들이 못 보는 것도 볼 수 있나봐요.

등대지기와 꾸니는 금방 친해졌어요.

등대지기는 꾸니에게 '꿈씨앗'도 보여주었어요.

"할아버지, 꿈씨앗이 뭐예요?"

"사람이 태어날 때마다 그 사람만의 '꿈씨앗'도 함께 태어난단다.

사람이 꿈꾸던 대로 살기 시작하면 꿈씨앗에서 싹이 트고,

점점 나무로 자라는 게야."

그래서 등대지기는 사람들이 꿈을 찾을 수 있게

열심히 등댓불을 비춰준다고 했어요.

그날 꾸니는 어느 푸른 언덕 위에 잠들어 있는 작은 씨앗을 보았어요.

그건 바로 꾸니의 씨앗이었어요.

그 뒤로 등대지기는 꾸니를 보지 못했어요.

하지만 등대지기는 꾸니의 꿈이 화가라는 걸 잘 알고 있었어요.

그래서 꾸니가 꿈을 이룰 수 있게 열심히 등대를 비춰주었죠.

꾸니는 커서 유명한 화가가 되었어요.

그런데 웬일인지 꾸니의 씨앗은 여전히 잠들어 있었어요.

"이상하다. 꿈을 찾고, 또 꿈꾸던 대로 살고 있는데

어째서 씨앗이 싹트지 않을까?"

등대지기는 혹시 꾸니의 꿈이 화가가 아닐지도 모른다고 생각했어요.

꾸니의 표정도 늘 어둡기만 했어요.

등대지기는 날마다 안타까운 마음으로 꾸니를 바라보았어요.

어느 날 꾸니는 도시 변두리에 있는 판자촌을 찾았어요.

희망을 잃은 사람들이 하루하루 힘들게 살아가는 곳이었죠.

쓰레기가 잔뜩 쌓여 있고 여기저기 흙탕물이 고여 있었어요.

꾸니는 어느 담벼락 앞에서 걸음을 멈추었어요.

"꾸니야, 거기서 뭐 하는 거니?"

등대지기는 마치 꾸니가 곁에 있는 것처럼 중얼거렸어요.

그때 갑자기 꾸니가 쓰레기 더미를 뒤지더니

쓰다 버린 페인트 통이며 털 빠진 붓 따위를 찾아냈어요.

그러고는 더러운 담벼락에다 그림을 그리기 시작했어요.

꾸니는 도대체 뭘 그리는 걸까요?

그림이 완성됐을 때 등대지기는 깜짝 놀라고 말았어요.

담벼락에 푸른 언덕이 끝없이 펼쳐져 있었거든요.

꾸니의 씨앗이 잠들어 있는 바로 그 언덕이었어요.

그때부터 꾸니는 매일매일 판자촌에 와서 그림을 그렸어요.

꾸니가 그림을 그릴 때마다 부서진 벽이며 녹슨 대문,

낡은 지붕들이 새롭게 살아나는 것 같았죠.

그림이 점점 많아질수록 지저분하고 냄새나던 판자촌도 조금씩 달라졌어요.

희망을 잃고 슬퍼하기만 하던 사람들이

하나둘씩 쓰레기를 치우기 시작했거든요.

흙탕물이 고여 있던 길에 고운 모래를 깔고,

예쁜 돌멩이를 놓아 자갈길을 만들었어요.

쓰레기장을 치우고 거기다 꽃을 심기도 했어요.

판자촌은 점점 아름다운 곳으로 변해갔어요.

그러다 차츰차츰 사람들이 구경을 오기 시작했죠.

어느 날 꾸니는 처음 그림을 그렸던 담벼락 앞에 다시 섰어요.

거기엔 여전히 푸른 언덕이 펼쳐져 있었죠.

꾸니는 거기다 작은 씨앗을 그려 넣었어요.

그리고 마지막으로 새싹을 그려 넣었죠.

등대지기는 그제야 미소를 지었어요.

오랫동안 잠자고 있던 꾸니의 꿈씨앗이 드디어 싹을 틔웠거든요.

"희망을 나누는 아이로 자라렴."

우리 아가는 나중에 어떤 꿈을 갖게 될까?

아니, 어쩌면 지금도 아주 예쁜 꿈씨앗을 품고 있겠지?

엄마가 널 품고 있는 것처럼 말이야.

엄마도 꿈이 있단다.

등대지기 할아버지처럼 너의 꿈을 환하게 비춰주는 게 엄마의 꿈이야.

엄마는 널 위해서 모든 걸 다 할 수 있지만,

꿈을 만들어주거나 꿈을 대신 꿔줄 수는 없단다.

왜냐하면 그건 너만의 꿈이고, 너만의 행복이기 때문이야.

사람은 누구나 행복한 느낌을 갖고 싶어 해.

그리고 그 행복을 오래오래 누리도록 해주는 게 바로 꿈이란다.

그래서 꿈을 가진 사람들, 꿈을 이루고 싶어 하는 사람들은

늘 행복한 거야.

그런데 어떤 사람들은 꿈을 잃거나 포기하기도 한단다.

그렇게 되면 희망이 사라지고, 온갖 나쁜 감정들이 생겨나.

그래서 엄마는 등대지기 할아버지처럼

매일매일 너의 꿈을 환하게 비춰주고 싶은 거야.

어쩌다 힘들고 어두운 날이 와도 우리 아가의 꿈씨앗만큼은

늘 환하게 빛날 수 있게 말이야.

엄마는 오늘도 꿈을 꾼단다.

우리 아가의 꿈씨앗에서 싹이 트고,

튼튼한 나무로 자라서 아름다운 열매가 열리는 꿈 말이야.

레이디 캔

Campbells
cream of
Mushroom
SOUP
ink

레 이 디 　 캔

소녀의 나이는 예순다섯, 흰머리를 뒤로 질끈 묶고 사뿐사뿐 길을 걷습니다. 배낭 안에 뭐가 들었는지 걸을 때마다 달그락달그락 소리가 납니다.

그녀는 길을 걷다가 문득 멈춰 서서 골똘히 생각에 잠기는 버릇이 있습니다. 때로는 보도블록 위를 열심히 기어가는 달팽이에게 말을 걸기도 하고, 벽에 적힌 낙서들을 수첩에 정성껏 옮겨 적기도 합니다. 행인들의 시선 따위는 안중에도 없습니다.

"그래도 되는 나이란 게 있거든."

비 오는 날에는 창 넓은 이층 카페에 앉아 테이블 가득 책이며 노트, 펜과 색연필 따위를 잔뜩 늘어놓은 채 낙서도 하고, 차를 마시며 음악을 듣다가 고양이처럼 꾸벅꾸벅 졸기도 하죠.

가끔 그녀는 정신이상자 취급을 받기도 하는데, 그런 일은 주로 전철 안에서 벌어집니다. 한번은 시끄럽게 통화

216

하는 아줌마에게 "바다 소리도 좀 들어봐요" 하더니 귀에다 소라껍질을 갖다 댄 적도 있었죠. 사람들이 뭐라고 하건 그녀는 하얀 말총머리를 살랑살랑 흔들며 콧노래만 흥얼거립니다.

내가 그녀를 처음 만난 것은 도시 근교의 작은 파출소에서 근무했을 때입니다.

어느 날 농장 주인이 문을 벌컥 열고 들어오더니 "저 미친 할멈을 고소하겠소!"라고 소리쳤습니다. 그 '미친 할멈'이 바로 그녀였죠.

"저 할머니가 무슨 잘못을 하셨는데요?"

"아니 글쎄, 소를 내다 팔려고 트럭에 실었는데 잠시 한눈파는 사이에 문을 활짝 열어놨지 뭐요? 돌아와 보니 소는 온데간데없고 저 할멈만 떡하니 들어앉아 있더란 말이오. 처음엔 소가 할멈으로 변한 줄 알고 어찌나 놀랐던지 원."

"할머니, 이분 말씀이 맞나요? 할머니가 소를 풀어주셨어요?"

그러자 그녀는 자랑스럽다는 듯 고개를 끄덕였습니다.

"왜 그러셨어요?"

"죽기 전에 단풍구경이나 실컷 하고 싶다기에 풀어줬지."

"소가 그렇게 말했어요?"

그녀는 고개를 끄덕였습니다. 소 주인은 당장 소 값 물어내라며 길길이 날뛰는데 정작 그녀는 마땅히 해야 할 일을 했다는 듯 태연하기만 했죠. 나는 소 주인에게 일단 할머니가 정신 감정을 받아봐야 할 것 같다고 소곤소곤 말했습니다. 하지만 소 주인은 어떡하든 소 값을 받아내겠다며 그녀의 배낭을 빼앗아 뒤적이기 시작했습니다. 그때 전화벨이 울렸죠. 전화 통화를 하던 소 주인의 표정이 갑자기 활짝 펴졌습니다.

"뭐, 소를 찾았다고? 그래 내 지금 바로 갈 테니 트럭에 잘 실어두게."

소 주인은 전화를 끊고는 부랴부랴 뛰쳐나갔습니다. 속으로 잘됐다 싶었죠. 하지만 그녀는 "벌써 잡혀? 에이, 잘 좀 도망치지" 하며 아쉬워했습니다. 그러고는 배낭 안에서 커다란 깡통 하나를 꺼냈습니다.

"할머니, 그 깡통은 뭐예요?"

"보물단지."

그녀는 호주머니에서 앙증맞은 워낭 하나를 꺼내 깡통에 넣었습니다. 깡통 안에는 지푸라기, 찢어진 엽서, 화살 깃, 손가락인형 같은 잡동사니가 잔뜩 들어 있었죠.

"그게 다 보물이에요?"

그러자 그녀는 깡통에서 손가락인형을 꺼내 만지작거리며 말했습니다.

"보물이고말고."

나는 약간 호기심이 생겼습니다. 파출소 안에는 그녀와 나, 둘밖에 없었고 그날도 여느 때처럼 별 사건 없이 한가하기만 했죠. 그래서 시간도 때울 겸 그녀의 이야기를 들어보기로 했습니다.

"어떤 보물인데요?"

하루 종일 공항 커피숍에서 일하는 아가씨가 있었어. 출국장 문이 쉴 새 없이 열리고 닫히는 걸 보면서 커피를 내리고 샌드위치도 만들었지. 그 커피숍 입구에 이런 손가락인형들이 고드름처럼 주렁주렁 매달려 있었어.

"이 인형은 다 뭐유?"

그랬더니 그 아가씨 한다는 말이, '해외여행을 하고 돌아온 인형들'이란 거야.

"카페 손님들 가방에 이 인형을 하나씩 달아주거든요. 그런데 손님 한 분이 여행 갔다 돌아오는 길에 다시 들러서 인형을 매달아놨지 뭐예요. 그때부터 한 사람, 두 사람씩 인형을 매달기 시작했죠. 저기 저 인형은 프랑스에 다녀왔고, 또 저 인형은 아프리카에 다녀왔답니다."

아주 친절하고 매력적인 아가씨였지. 헌데 가만히 지켜보니까 자기도 모르게 한숨을 짓는 거야. 테이블을 닦다가도 멍하니 출국 게이트를 바라보곤 했지. '아, 이 아가씨는 해외여행을 한 번도 해본 적이 없구나.' 나는 직감적으로 알았어.

그런데 그때 내 주머니에 뭐가 들어 있었게? 유럽 일주를 할 수 있는 여행 티켓이 있었어. 어느 여행사에서 무슨 이벤트에 당첨됐다며 보내왔는데 언제라도 떠날 수 있는 거였지. 한마디로 공짜 티켓이었던 거야. 나는 그 아가씨한테 거래를 하자고 했지. 티켓을 줄 테니 손가락인형을 달라고 말이야. 아가씨는 농담인 줄 알고 그저 웃기만 했어. 그래서 티켓을 손에 쥐어주며 말했지.

"떠날 수 있을 때 떠나요. 아껴둔 빵은 개미가 먹는 법이니까."

그러고는 손가락인형 하나를 챙겼지. 이게 바로 그 인형이야.

그녀의 말을 곧이곧대로 들었다면 나는 경찰이란 직업을 당장 때려치워야 했을 겁니다. 다행히 나는 지극히 논리적이고 이성적이었죠. 소하고 얘길 나누고 깡통 속에 든 잡동사니를 보물처럼 여기는 그런 할머니의 이야기를 믿다니요. 하지만 솔직히 재미는 있었습니다.

"그럼 그 화살 깃은 뭐예요?"

"아, 이거? 화살한테서 얻은 거야. 76년 동안 과녁을 맞히지 못하고 날아다니던 화살이었지."

이 할머니, 이젠 아주 대놓고 동화를 씁니다. 나는 쿡쿡 웃으며 다시 할머니 말에 귀를 기울였습니다.

쉬지 않고 날아가는 화살이 있었어. 물어보니까 76년째 날아다니고 있다는 거야. 활을 쏜 사람도 이젠 죽고 없는데 자기는 과녁을 찾지 못해 영원히 날아다녀야 한다면서 아주 울상이었어. 벌써 지구를 수백 바퀴나 돌았다지 아마?

"넌 주인이 과녁을 꼭 정해줘야만 가서 꽂히니?"

"당연하죠. 화살이 어떻게 과녁을 정해요?"

내 살다 살다 그렇게 멍청한 화살은 처음 봤어. 그래서 앞에 보이는 커다란 나무로 달려갔지. 그러고는 나무에다 동그라미를 그려줬어.

"여기다, 여기! 여기가 네 과녁이야!"

그제야 녀석은 신이 나서 과녁 정중앙에 콱 꽂혔어. 76년 동안의 하릴없는 여행이 끝나는 순간이었지.

"이제 좀 쉴 수 있겠네요. 정말 고마워요."

"고마울 것 없다. 대신 네 화살 깃을 선물로 다오."

그렇게 해서 이 화살 깃을 챙긴 거야. 헤어질 때도 "나는 너처럼 멍청한 화살은 처음 봤다"고 한마디 해줬지. 그랬더니 화살이 뭐라고 했게?

"자기 과녁을 못 찾고 떠도는 게 어디 저뿐이겠어요?"

생각해보니까 그 말도 맞잖아. 나는 오랜만에 배를 잡고 웃었어.

"날아가는 화살하고 이야기를 나눴다 이 말씀이죠? 할머니가 그렇게 빨리 달릴 수 있는 줄은 미처 몰랐네요."

"그럴 수 있는 나이란 게 있거든."

그녀는 슬슬 흥이 나는 듯 깡통을 뒤지기 시작했습니다.

"가만 보자, 또 뭐가 있나? 옳지 엽서가 있군. 이 엽서는 갈매기한테 받은 거야."

"아, 이번엔 갈매기로군요. 어디서 만났는데요?"

"길을 가고 있는데 갈매기 한 마리가 우체통에 앉아 있는 거야. 녀석은 엽서 한 장을 물고 있었지."

갈매기는 엽서가 물에 젖어 주소를 당최 알아볼 수 없다면서 투덜거렸어.

"그런데 네가 왜 엽서를 배달하고 있니?"

내가 물었지. 그랬더니 어느 날 우체통 하나가 바다에 둥둥 떠다니더래. 아마 해일에 쓸려 바다로 떠내려간 모양이야.

갈매기는 그 우체통을 놓고 아주 심각하게 고민했대. 그러다가 자기가 편지를 배달해주기로 결심했다지. 뭔가 의미 있는 일을 하고 싶어서 그런 거래. 참 기특하지? 어쨌든 엽서는 꼬부랑글씨에다가 주소도 없어서 그냥 내가 갖기로 한 거야.

어느 날 혹시 오래된 편지를 받게 되면 냄새가 나는지 한번 맡아봐. 바다 냄새가 나면 그 편지는 틀림없이 갈매기가 배달했을 거야.

나는 그녀 곁에 바싹 붙어 앉아 깡통을 들여다보았습니다. 참 별별 물건이 다 있었죠.

"이 지푸라기는 또 뭐예요?"

"그건 허수아비한테서 얻은 거야. 그 녀석은 평생 밭에만 쿡 박혀 살아왔는데 하필이면 바다가 한눈에 보이는 밭이었어."

"저런, 평생 바다를 동경했겠네요."

"옳지, 이제 슬슬 말이 통하네!"

"그래서 어떻게 하셨어요?"

"어떡하긴, 녀석을 쑥 빼들고 바닷가로 달려갔지. 그러고는 고기잡이 선장한테 줬어. 행운을 불러오는 허수아비니까 배 위에 잘 세워 놓으라고 말이야. 선장은 한번 믿어보겠다며 돛대 옆에다 허수아비를 단단히 세우더니 먼바다로 나갔어. 허수아비는 좋아서 마냥 싱글벙글하더군. 아마 지금도 신나게 바다를 돌아다니고 있을 거야."

우리는 그날 설렁탕까지 함께 시켜 먹으며 수다를 떨었습니다. 그녀는 끝도 없이 황당한 이야기들을 쏟아냈지만 정신은 말짱한 것 같았습니다.

"그나저나 자기는 경찰 되기 전에 무슨 일 하고 싶었어?"

갑자기 그녀가 불쑥 물었습니다.

"글쎄요."

"무슨 일이건 하고 싶은 일은 꼭 한 번은 해봐야 돼. 마음에 담아두면 병 생겨. 아껴둔 빵은……."

"개미가 먹어치운다?"

"옳거니!"

나는 왠지 모르게 그녀와 좀 더 이야기를 나누고 싶었습니다. 하지만 순찰 나갔던 동료들이 한꺼번에 우르르 들어오는 바람에 얘기가 끊어지고 말았죠. 게다가 사소한 분쟁까지 생겼는지 네댓 명쯤 되는 노인들이 언성을 높이며 따라 들어오는 것이었습니다.

난데없는 소동에 잠시 한눈을 파는 사이, 나는 그녀가 사라진 줄도 모르고 있었습니다. 그녀가 앉아 있던 자리에는 손가락인형만 달랑 남아 있었죠. 나는 부리나케 밖으로 달려 나갔습니다. 하지만 그녀의 모습은 어디에도 보이지 않았습니다.

　그 뒤로 이런저런 민원을 해결하느라 바쁜 나날을 보냈습니다. 그런데 하루는 테이블을 정리하는데 동료 직원이 먹다 남은 빵조각이 눈에 띄더군요. 빵조각 위로 개미들이 살살 모여들고 있었죠. 나는 빵조각을 한참 들여다보았습니다.

　솔직히 말하면 경찰이 되기 전에 하고 싶은 일이 있긴 있었습니다. 학창시절 때는 사진을 곧잘 찍어서 잠시 사진작가를 꿈꾼 적도 있습니다. 하지만 그런 꿈들은 다 젊어서 한때죠. 결혼을 하고 가정을 꾸리게 되면 누구나 현실에 눈을 떠야 합니다. 그래서 지금은 풍경을 찍던 카메라로 사건 현장을 찍으며 살아가고 있습니다. 나는 빵조각을 음식쓰레기 봉투에 버리고 기지개를 켰습니다.

　그렇게 또 하루하루가 지나는 동안 나는 그녀가 떨어뜨린 손가락인형을 서랍 깊숙이 넣어둔 것조차 점점 잊어가고 있었습니다.

　그런 어느 날, 내가 알고 있던 세계가 갑자기 낯설어지기 시작했습니다. 큰아이와 함께 산을 오를 때였죠. 쉴 새 없이 좋알대며 걷던 아이가 뚝 멈추는 것이었습니다.

　"아빠, 저 나무 참 이상하다, 그치?"

　아이가 가리킨 곳을 쳐다보다가 나는 깜짝 놀라고 말았습니다. 나무에 커다란 동그라미가 그려져 있고, 그 한가운데에 화살이 박혀 있었습니다. 등나무 줄기 같은 것이 화살을 타고 옆 나뭇가지에 이어져 있었죠. 그 순간 까맣게 잊고 있던 할머니가 퍼뜩 떠올랐습니다.

'설마, 우연이겠지.'

눈앞의 화살이 할머니가 말했던 그 화살일 리는 없었습니다. 나는 대수롭지 않게 넘기려고 했지만 다음 날, 또 그 다음 날에도 계속 생각이 나는 것이었습니다.

결국 사흘째 되는 날, 퇴근하자마자 공항으로 차를 몰았습니다. '내가 지금 뭘 하는 거지?' 하면서도 차를 멈출 수는 없었죠. 공항에 도착해서 곧장 출국 게이트가 보이는 커피숍으로 걸어갔습니다. 커피숍이 가까워질수록 입구에 매달린 손가락 인형들이 점점 또렷하게 시야에 들어왔습니다.

할머니가 얘기했던 아가씨는 커피숍에 없었습니다. 대신 30대 중반의 남자가 손님을 맞고 있었죠. 나는 커피 한 잔을 주문한 다음 손님이 뜸해진 틈을 타 주인에게 물어봤습니다.

"전에 여기서 일하던 아가씨 어디 갔나요?"

"아, 그 사람 지금 여행 다니고 있어요. 세계 일주를 하겠다나 뭐라나. 아는 사이세요?"

"아, 그냥 안 보여서요. 그나저나 세계를 일주하다니 참 부럽군요."

"그러게 말입니다. 웬 할머니가 부채질을 했지 뭡니까. 유럽 일주 티켓을 저 손가락인형하고 맞바꾸다니 믿어지세요?"

나는 점점 혼란스러워졌습니다.

그 뒤로는 일도 좀처럼 손에 잡히지 않았습니다. 그런데 한 일주일쯤 지나서 더 놀라운 일이 벌어졌습니다. 영종도에서 배를 타고 인천항으로 갈 때였죠. 승객들이 갑판 위에서 갈매기에게 먹이를 던져주고 있었습니다. 사람들 틈에 끼어 무심코 하늘을 쳐다보다가 나는 "어, 어!" 하고 소리를 지르고 말았습니다. 갈매기 한 마리가 입에 종이 쪼가리를 문 채 날아가고 있었거든요. 다른 사람들도 분명히 보았습니다.

"이야, 저 갈매기는 종이를 다 먹네?"

하지만 나는 그게 종이 쪼가리가 아니라 그림엽서라는 걸 알 수 있었습니다. 나는 갈매기가 먼 하늘로 사라질 때까지 넋을 잃고 서 있었습니다. 머리가 멍해지는 느낌이었죠. 하지만 그게 끝이 아니었습니다. 항구가 점점 가까워질 즈음, 고기잡이 배 하나가 눈에 들어왔습니다. 그 배를 보는 순간, 가슴 속에서 뭔가 물방울 같은 것이 팡, 터지는 느낌이 들었습니다. 배 한쪽에 허수아비가 세워져 있었거든요.

'도대체 나한테 무슨 일이 생긴 거지?'

그 뒤로 나는 줄곧 할머니를 찾아다녔습니다. 순찰을 나갈 때도 일부러 멀리 둘러 걸으며 하얀 말총머리 할머니만 찾았습니다. 하지만 주소도, 전화번호도, 심지어 이름도 모르니 그야말로 사막에서 바늘 찾는 격이었죠.

그런데 참 이상한 게, 할머니를 찾다보니 평소에는 전혀 거들떠보지 않던 것들을 자꾸 쳐다보게 되더란 말입니다. 다리 밑에 한참 서서 비둘기들이 모여 사는 틈새를 들여다보기도 하고, 한나절 넘도록 길고양이를 졸졸 따라다니기도 했죠.

언제부터인가 나는 그렇게 만난 풍경들을 한 컷, 두 컷 사진에 담기 시작했습니다. 카메라 가방에 손가락인형을 대롱대롱 매달고 다니면서 말이죠.

그해 여름 소나기가 쏟아지던 날, 처마 밑에서 비를 피하고 있을 때였습니다. 어디선가 늙은 개 한 마리가 어슬렁어슬렁 다가오더니 내 옆에 착 엎드리는 것이었습니다. 그러고는 하염없이 빗줄기를 바라보았죠.

개와 사람이 나란히 앉아 비를 피하고 있었습니다. 늙은 개는 이따금 손가락인형에 코를 댄 채 킁킁거리기도 했습니다. 빗줄기가 점점 가늘어지고 마침내 하늘이 맑게 개자 늙은 개는 벌떡 일어났습니다. 그리곤 손가락인형을 한 번 쓱 핥고는 또 어디론가 홀연히 사라졌습니다.

'비가 그칠 때까지 내 곁에 있어준 건가.'

나는 점점 할머니처럼 생각하고 있었습니다.

계절이 가을로 접어들던 어느 날, 나는 사건 현장을 촬영하러 갔다가 그 늙은 개를 다시 만났습니다. 열심히 현장을 찍고 있는데 갑자기 녀석이 슬렁슬렁 나타난 겁니다. 동료 경찰이 비키라고 손짓해도 녀석은 요지부동이었습니다. 그러다가 내 바짓가랑이를 물고는 자꾸 어디론가 가자는 듯 신호를 보냈습니다. 나는 서둘러 일을 마친 뒤 뭔가에 홀린 듯 늙은 개를 뒤따르기 시작했습니다.

숲을 지나 한적한 흙길이 나타날 때까지 늙은 개는 묵묵히 걷기만 하더니, 길 모퉁이를 돌아 멀리 집 한 채가 보이기 시작하자 걸음이 빨라집니다.

그 집엔 아무도 없었습니다. 마당 한 구석에는 작은 텃밭이 있었고, 산이 보이는 쪽으로는 낚시용 의자와 낡은 테이블이 있었죠. 살짝 열려 있는 현관문 틈으로 "계세요?" 하고 불러보았지만, 아무 대답이 없었습니다. 나는 잠시 망설이다가 문을 열고 들어섰습니다.

그 순간 집을 제대로 찾아왔다는 느낌이 들었습니다. 선반 위에 깡통들이 빽빽하게 놓여 있었기 때문입니다. 살금살금 다가가 깡통 하나를 열어보았습니다. 깨진 거울 조각, 몽당연필, 돌멩이, 낙엽 따위가 수북이 들어 있었죠. 나는 깨진 거울 조각을 들고 요리조리 살펴보았습니다.

'이 거울 조각에는 또 어떤 이야기가 담겨 있을까?'

그런 생각을 하고 있는데 갑자기 그녀의 목소리가 들려왔습니다.

"생각보다 늦었네?"

흰머리를 뒤로 질끈 묶은 말총머리 할머니가 문가에 기댄 채 웃고 있었습니다.

그녀는 나를 텃밭 옆에 있는 낡은 테이블로 데려갔습니다. 차도 끓이고 과자도 내왔죠. 음악을 트는 것도 잊지 않았습니다. 참 행복한 느낌이 드는 가을 오후였습니다.

"생각보다 늦었다니, 그게 무슨 뜻이죠?"

"그만큼 신호를 보냈는데 이제야 나타났잖아."

"신호를 보냈다니요?"

"비둘기도 보내고 길고양이도 보냈는데 못 알아채더군. 하도 답답해서 이 친구를 보낸 거야."

그녀는 테이블 밑에 납작 엎드려 있는 늙은 개를 쓰다듬었습니다.

"그럼 비둘기도, 길고양이도 전부 할머니가 보낸 신호였단 말씀이세요?"

"어디 그뿐이겠어? 우리 주변에 있는 것들이 죄다 신호야. 사람들이 못 알아챌 뿐이지."

그녀는 깡통을 테이블 위에다 와르르 쏟더니 거울 조각을 집어 들며 이야기를 시작했습니다.

"우연히 길에서 깨진 거울을 만났는데, 얼른 사라지고 싶어 하더군. 깨진 거울은 쓸모가 없다면서 말이야."

거울은 오랫동안 마을 변두리에 있는 쓰레기 더미에 묻혀 있었다고 합니다. 그런데 거울을 만날 무렵 그녀는 어느 반지하 방에 아파 누워 있는 한 소년을 알고 있었죠. 엄마 아빠가 하루 종일 일하러 나가 있는 동안 소년은 어둡고 축축한 방에서 혼자 지내야 했습니다. 그 방은 해가 들지 않아 늘 습기가 차 있고 곰팡이가 피었다고 합니다.

"거울아, 좋은 생각이 났어."

그녀는 깨진 거울을 깨끗하게 닦았습니다. 그리고 반지하 방이 보이는 맞은편 건물로 올라갔죠. 해가 머리 위로 지날 즈음 그녀는 깨진 거울로 반지하 방을 비추었습니다. 거울에 반사된 빛이 어두운 방을 환하게 밝혔겠죠.

"넌 이제부터 거울이 아니라 태양이야."

그녀가 말했습니다. 그러자 거울은 고맙다며 깨진 조각 하나를 그녀에게 선물했습니다.

"어쩌면 거울이 진짜로 하고 싶었던 일은 빛을 나눠주는 거였는지도 몰라."

그녀는 깨진 거울 조각을 만지작거리며 미소를 지었습니다. 그러고는 테이블 위에 흩어져 있는 잡동사니를 하나하나 가리키며 말했습니다.

"한 사람이 살면서 버린 물건을 모두 모으면 얼마나 될까? 나도 가본 적은 없지만 버려진 물건들이 모여 사는 나라가 있대. 그 물건들이 겪은 이야기를 죄다 모아 보면 아마 우주를 채울 수도 있겠지?"

"할머니는 언제부터 깡통을 채우셨어요?"

나는 오래도록 가슴속에 담아뒀던 궁금증을 끄집어냈습니다. 그녀는 차를 따르며 이야기를 시작했습니다.

◆◆◆

어릴 때 엄마는 동전이 생길 때마다 깡통에 넣곤 했어. 깡통 안에 동전 떨어지는 소리가 참 듣기 좋았지. 엄마는 그 커다란 깡통이 가득 찰 때까지 동전을 한 번도 사용한 적이 없었어.

그러다 내가 결혼해서 출가할 때쯤 그 깡통을 건네주더군. 속에 든 돈을 다 쓰고 이제 나만의 동전을 모으라면서 말이야. 깡통 안에 들어 있는 동전을 세어봤더니 한 달 치 생활비도 채 안 됐어. 나는 엄마가 말한 대로 그 돈으로 시금치도 사고 쌀도 샀지. 엄마가 평생 모은 동전들이 순식간에 사라져버리더군. 그런 다음 두 딸을 키우며 동전을 하나하나 모으기 시작했어. 그런데 결혼할 무렵에 깡통을 물려줬더니 녀석들이 킥킥 웃는 거야.

"엄마, 그냥 엄마가 써요. 얼마나 된다고."

그러고는 제각기 신랑 팔짱을 끼고는 자기들 인생을 찾아 훨훨 가버렸지. 몇 년 뒤엔 남편도 세상을 떠났어. 갑자기 혼자가 되고 나니까 생각지도 못한 질문이 떠오르더군.

'이제 어떻게 살아볼까?'

나는 집부터 처분했어. 그리고 혼자 살아갈 집을 찾다가 이 집으로 온 거야. 이 집은 내가 어릴 때 살던 곳이었거든. 이사하자마자 나는 집을 새로 꾸미기 시작했어. 텃밭도 만들고 벽지도 새로 했지. 그런데 어느 날 낡은 벽지를 하나하나 벗기고 있는데 갑자기 오래된 낙서가 보이는 거야.

'나는 아홉 살 김복례입니다. 나는 하고 싶은 게 많습니다. 너무 많아서 적을 수가 없음.'

내 이름이 김복례야. 환갑이 지난 사람이 아홉 살 때 벽에 끼적거린 낙서를 볼 수 있다니 참 신기하지 않아? 그건 그렇고 어린 게 하고 싶은 일이 뭐가 그리도 많았을까? 지금은 하나도 생각나지 않는데 말이야. 도대체 그 나이 때 난 뭘 하고 싶어 했을까? 난 정말 궁금했어. 그때 갑자기 이런 생각이 들었지. 어쩌면 엄마는 그냥 동전을 모은 게 아닐지도 모른다는 생각 말이야. 엄마도 뭔가 하고 싶은 일이 있었을 거야. 언제가 될지는 모르지만 마음에 담아둔 그 일을 하기 위해 동전을 하나하나 모으지 않았을까? 하지만 나이가 들어서 다 까먹는 바람에 더 이상 깡통에 든 동전이 별 의미가 없어진 거겠지.

그날 밤 나는 동전을 와르르 쏟아냈어. 그리고 깡통 안에 뭔가 다른 걸 채워야겠다고 생각했지. 미래의 어느 날을 위한 동전이 아니라 지금 이 순간을 위한 물건들로 채워야지 했던 거야.

"그런 생각을 하고 나서 제일 먼저 뭘 하셨어요?"
내가 물었습니다.

"신발을 샀어. 신을 때마다 끈을 하나하나 꿰어야 하는 그런 신발이었지. 일부러 그런 신발을 고른 거야. 왜냐하면 긴 걸음이 필요했거든. 그러고는 늘 가보고 싶었던 곳을 돌아다니기 시작했어. 그런데 설악산 어느 바위에서 또 한 번 시무룩해졌지. 왜 그런 데 가면 사람들이 바위에 이름을 새겨놓곤 하잖아. 거기 친구들 이름이 몇 개 보이는 거야. 젊은 시절에 나는 바위에 이름 새기는 짓 따위는 하지 않겠다고 잘난 척 했었지. 왜냐하면 마음 내킬 때마다 언제든 찾아올 수 있을 거라고 생각했거든. 그런데 가만히 손을 꼽아보니 40년이 훨씬 넘어서야 다시 찾아온 거야. 빵을 40년이나 아껴온 셈이지."

그 뒤로 그녀는 남은 인생을 아홉 살 소녀로 살아가겠다고 결심했답니다. 할 수 있는 모든 일을 하고, 상상했던 모든 일들을 누리며 살기로 말입니다.

"솔직히 어디까지가 사실이고, 어디까지가 상상인지 모르겠어요."

"사실이면 어떻고, 상상이면 또 어때? 둘은 원래 한 몸인걸. 인생의 비밀은 어느 한쪽에만 숨어 있는 게 아니야. 그러니까 누구도 눈여겨보지 않는 세상의 틈, 시간의 샛길을 찾을 수 있어야 해."

"믿을 수 있는 것만 보고 살기에도 너무 바쁜 인생이에요."

"이런 뀌다 만 방귀 같은 소리! 다 핑계고 변명이야. 방귀가 잦으면 똥이 되고, 변명이 잦으면 운명이 되는 거야."

그날 나는 저녁까지 얻어먹고 일어났습니다. 헤어질 때 나는 그녀에게 '레이디 캔'이라는 별명을 붙여주었습니다.

"깡통을 영어로 캔(can)이라고 하니까요."

그녀는 그 별명을 무척 마음에 들어 했습니다.

그 뒤로 나는 생각날 때마다 그녀를 만나러 가곤 했습니다. 때로는 도심 한복판의 이층 카페에서 만나기도 했죠. 젊은이들이 북적거리는 곳에서도 그녀는 테이블 하나를 떡 차지한 채 버젓이 자기 시간을 누렸습니다. 하루는 젊은 사람들이 부럽지 않느냐고 물어본 적이 있습니다. 그때 그녀는 이렇게 대답했죠.

"마음이 빈약할수록 젊음에 주눅 드는 법이야."

자기 몫의 삶조차 버거워하며 살아가는 사람이 있는가 하면 때로는 두 사람, 세 사람 몫의 인생을 사는 사람도 있습니다. 주어진 인생의 길이는 똑같아도 누구는 너무 적게 살고, 또 누구는 아주 많이 살아갑니다.

카메라를 다시 잡은 뒤부터 나의 하루도 두 배로 늘어난 것 같습니다. 요즘 나는 틈날 때마다 카메라를 들고 세상의 틈새를 찍으며 돌아다닙니다. 마지막 열차를 기다리는 시골 간이역 풍경을 카메라에 담기도 하고, 빨랫줄에 널린 채 그리움으로 휘날리는 옷들을 찍기도 합니다. 자꾸 뿌려줘야 잘 자란다며 분

무기를 강아지한테 뿌려대는 여자아이도 찰칵 찍었습니다. 그렇게 찍은 사진들을 하나하나 인화해서 벽에 붙여뒀더니 마치 레이디 캔의 깡통처럼 풍성해지는 느낌이었죠.

해가 바뀌었습니다. 오늘도 그녀는 어느 카페의 한 귀퉁이에서 꿈꾸며 졸고 있을 겁니다. 올해로 소녀는 예순여섯이 됩니다.

레이디 캔

어느 날 시골 파출소에 이상한 할머니가 잡혀왔어요.

소 주인이 소를 내다 팔려고 트럭에 실어놨는데

할머니가 풀어줬다는 거예요.

"할머니 소를 왜 풀어줬어요?"

경찰 아저씨가 물었더니 할머니가 뭐라고 했게요?

"소가 단풍구경을 하고 싶다기에 풀어줬지."

경찰 아저씨는 정말 이상한 할머니라고 생각했어요.

할머니는 커다란 깡통을 갖고 있었는데,

그 안엔 손가락인형, 화살 깃, 찢어진 엽서, 지푸라기 같은

잡동사니가 가득 담겨 있었어요.

"할머니 이게 다 뭐예요?"

그러자 할머니는 잡동사니를 하나하나 꺼내더니

아주 신기하고 이상한 이야기를 들려주기 시작했어요.

공항 커피숍에서 일하는 아가씨가 있었대요.

거기엔 손가락인형들이 고드름처럼 주렁주렁 매달려 있었죠.

해외여행을 하고 돌아온 손님들이 하나둘씩 매달아놓은 거예요.

하지만 아가씨는 한 번도 해외여행을 해본 적이 없었어요.

그때 할머니가 아가씨한테 비행기 표를 주면서 이렇게 말했대요.

"떠날 수 있을 때 떠나요. 아껴둔 빵은 개미가 먹어치우니까."

그 대신 손가락인형을 하나만 달라고 했죠.

그래서 아가씨는 꿈에 그리던 해외여행을 떠나고,

할머니는 손가락인형을 깡통 안에 쏙 집어넣었대요.

그런데 '아껴둔 빵은 개미가 먹어치운다'는 말이 무슨 뜻일까요?

하고 싶은 일을 자꾸 미루면 결국 못하게 된다는 뜻이에요.

할머니는 또 76년 동안 쉬지 않고 날아가는 화살을 만나기도 했어요.

과녁을 찾지 못해 영원히 날아다니고 있다는 거예요.

그래서 할머니가 커다란 나무에 동그랗게 과녁을 그려주었죠.

그제야 화살은 과녁에 가서 콱 꽂혔대요.

"휴, 이제 좀 쉴 수 있겠네요. 정말 고마워요. 제 화살 깃을 선물로 드릴게요."

할머니는 화살 깃을 깡통 안에 쏙 집어넣었어요.

또 어떤 날은 갈매기가 엽서 한 장을 물고서 할머니를 찾아온 적도 있어요.

엽서가 물에 젖어서 주소를 알아볼 수 없다는 거예요.

"그런데 네가 왜 엽서를 배달하고 있니?"

"우체통 하나가 바다에 둥둥 떠다니고 있었거든요.

그래서 제가 편지를 배달해주기로 했어요."

할머니는 참 기특한 갈매기라고 칭찬해줬어요.

하지만 엽서는 주소가 싹 지워져서 배달할 수가 없었죠.

그래서 할머니는 엽서를 깡통 안에 쏙 집어넣었어요.

그뿐만이 아니에요.

할머니는 평생 밭에만 서 있는 허수아비를 만난 적도 있대요.

바다가 한눈에 보이는 밭이었죠.

허수아비는 바다 저 멀리 나가보는 게 소원이래요.

그래서 할머니는 허수아비를 쏙 뽑아들고는

고기잡이 선장한테 갖다 주었어요.

선장은 돛대 옆에다 허수아비를 세우고는 먼 바다로 나갔어요.

허수아비는 좋아서 어쩔 줄을 몰랐죠.

할머니는 허수아비한테서 받은 지푸라기를 깡통 안에 쏙 집어넣었어요.

경찰 아저씨는 할머니가 하는 얘기를 하나도 믿지 않았어요.

그런 일들이 실제로 생길 수는 없을 테니까요.

그런데 어느 날 경찰 아저씨한테 아주 이상한 일이 벌어지기 시작했어요.

등산을 하다가 나무에 꽂혀 있는 화살을 본 거예요.

또 배를 타고 가는데 갈매기가 엽서를 물고 날아가는 게 아니겠어요?

고기잡이배에 허수아비가 서 있는 것도 보고,

공항 커피숍에 대롱대롱 매달린 손가락인형들도 봤어요.

경찰 아저씨는 할머니 얘기가 모두 사실이란 걸 알았죠.

그때부터 경찰 아저씨는 할머니를 찾아다녔어요.

하지만 주소도 이름도 모르는 할머니를 어디서 어떻게 찾겠어요?

그런 어느 날, 늙은 개 한 마리가 경찰 아저씨한테 다가왔어요.

그러고는 바짓가랑이를 끌고 어디론가 데려갔죠.

늙은 개가 도착한 곳은 어느 작고 오래된 집이었어요.

경찰 아저씨는 거기가 바로 할머니의 집이라는 걸 알았어요.

선반 위에 깡통들이 빽빽하게 놓여 있었거든요.

할머니가 경찰 아저씨를 데려오라고 늙은 개를 보냈던 거예요.

경찰 아저씨는 할머니를 다시 만나서 너무 기뻤어요.

예전처럼 또 재미있는 이야기들을 들을 수 있게 됐으니까요.

경찰 아저씨는 할머니에게 '레이디 캔'이란 별명을 붙여주었어요.

캔은 깡통이란 뜻도 있고, '뭐든지 할 수 있다'는 뜻도 있어요.

할머니는 경찰 아저씨한테 이렇게 말해주었어요.

"하고 싶은 일들을 마음에만 꼭꼭 담아두지 말고 당장 해버려!"

그래서 경찰 아저씨는 오래전부터 하고 싶었던 일을 하기 시작했어요.

바로 사진을 찍는 일이었죠.

평소에는 그냥 스쳐 지나가던 풍경들을

이제 하나하나 카메라에 담고 싶었던 거예요.

경찰 아저씨는 레이디 캔이랑 친구가 되었어요.

요즘도 자주 만나서 재미있게 이야기를 나누곤 한답니다.

"가능성을 믿는 아이로 자라렴."

엄마는 우리 아기가 태어나서 글씨를 쓸 수 있게 되면

제일 먼저 예쁜 수첩을 사주고 싶어.

수첩 표지에는 '내가 하고 싶은 일'이라고 적혀 있겠지?

그래서 하고 싶은 일이 생각날 때마다

수첩에 하나하나 다 적게 할 거야.

그리고 그 옆에는 또 '할 수 있어'라고 적어야 돼.

왜냐하면 넌 반드시 할 수 있을 테니까, 맞지?

엄마는 네가 그런 수첩을 많이, 아주 많이 가졌으면 좋겠어.

사람들은 누구나 처음엔 하고 싶은 일들이 아주 많았을 거야.

하지만 나이가 들수록 하고 싶은 일이 줄어들기도 한단다.

왜 그럴까?

아마 일일이 적어놓지 않아서 잊어버리기 때문일 거야.

아니면 할 수 있다는 마음이 점점 약해진 탓도 있겠지?

그렇게 되면 나중엔 어떤 마음이 생기는지 아니?

'이래서 못했다, 저래서 못했다' 하고 자꾸 핑계를 대게 돼.

핑계란 건 자신감을 잃은 사람들한테 생기는 나쁜 마음이란다.

하지만 하고 싶은 일을 하나둘씩 해내는 사람들은 그렇지 않아.

아주 작은 거라도 한 번 해내고 나면,

할 수 있다는 마음이 점점 커지거든.

자신감은 그렇게 조금씩, 조금씩 키워나가는 거야.

그리고 자신감이 아주 커지면,

가끔 남들이 못 보는 것들도 볼 수 있게 된단다.

그게 바로 가능성이라는 거야.

자신감을 가진 사람은 전혀 희망이 안 보이는 곳에서도

희망을 볼 수 있어. 희망이 뭐냐고?

그건 우리 아가가 태어나서 거울을 보면 알 수 있어.

거울에 비친 그 얼굴 속에 희망이 있으니까.

씨앗 도둑

넝마주이 이삭은 밤이 깊어서야 일을 시작합니다. 구석구석 밤길을 더듬어 무언가를 열심히 주워 담습니다. 바구니에 뭐가 들었는지 아는 사람은 아무도 없습니다. 혹시라도 누가 들여다봤다면 아마 이랬을 겁니다.

"뭐야, 아무것도 없잖아?"

사실 바구니 안에는 작은 갈색 씨앗이 수북이 담겨 있습니다. 사람들은 단지 '보이지 않으면 없는 것'이라는 생각에 오랫동안 길들여졌을 뿐입니다.

처음엔 이삭도 그게 어떤 열매의 씨앗인지 모른 채 그저 보이는 대로 주워 담기만 했습니다. 그런 어느 날 늙은 넝마주이가 하는 얘길 듣고서야 씨앗의 비밀을 알게 되었습니다.

"사람들이 하루 종일 수많은 감정을 느끼며 산다는 것쯤은 자네도 잘 알지? 헌데 그 감정들은 어디로 사라지는 게 아니라 마치 공기처럼 주인 곁에 머문다네. 그러다 주인이 잠들고 나면 그때부터 감정들끼리 뭉쳐지지. 솜사탕처럼 말일세. 자꾸자꾸 뭉쳐서 나중엔 이렇게 작고 단단한 씨앗이 되는 게야. 물론 좋은 감정을 많이 느낄 수록 귀한 씨앗이 생기겠지. 하지만 사람들은 이 씨앗에 대해서 아무것도 모른다네. 우리한텐 다행이지 뭔가.”

씨앗이야 어떻게 만들어지건 이삭은 밤마다 그저 땅에 떨어져 있는 씨앗을 열심히 주워 담을 뿐입니다. 그러다 어둠이 서서히 걷힐 무렵에야 마을 뒷산에 있는 움막으로 돌아와 잠이 듭니다. 눈을 뜨면 이삭은 바구니 앞에 앉아 쓸 만한 씨앗을 따로 골라냅니다. 하지만 골라낸 씨앗보다 버리는 씨앗이 훨씬 많습니다. 바구니에 가득했던 씨앗을 다 골라내고 나면 남는 건 한 줌도 채 안 됩니다.

한 달에 한 번, 이삭은 그동안 모은 씨앗을 짊어지고 길을 떠납니다. 그믐달이 질 때마다 온 세상에 흩어져 있던 넝마주이들이 모여드는 장소가 있습니다. 넝마주이 들이 안개부두라고 부르는 그곳은 부두가 생긴 이후로 한순간도 안개가 걷힌 적이 없다고 합니다. 그래서 세상 사람들은 그곳에 부두가 있는지조차 알 수 없습니다.

밤이 새벽으로 바뀔 즈음이면 안개 속에서 커다란 배 한 척이 소리 없이 나타납니다. 배는 넝마주이들을 모두 태우고는 다시 안개 속으로 사라집니다. 배가 향하는 목적지는 우리가 아는 곳과는 전혀 다른 세계입니다.

한 달에 한 번, 배가 들어오는 날이면 항구는 어김없이 축제 분위기로 들썩입

니다. 넝마주이들은 배에서 내리면서부터 씨앗 장수가 되어 수많은 환영 인파에 둘러싸입니다.

씨앗 장수들은 '저쪽 세상'에서 한 달 동안 열심히 모은 씨앗을 한 짐 가득 짊어지고 시장으로 향합니다. 시장의 상인들과 왕궁의 신하, 부잣집 요리사들은 품질이 가장 좋은 씨앗을 먼저 차지하기 위해 며칠 전부터 자리 경쟁을 합니다. 평민이라도 제법 밑천이 두둑하다면 2등급 씨앗 정도는 충분히 구할 수 있습니다. 사람들은 그 씨앗으로 차를 끓이고 향을 피웁니다. 요리의 향신료나 약재로 쓰이는 씨앗도 있습니다. 나머지 씨앗은 서민들의 간식이 되고, 가장 품질이 낮은 씨앗은 가축의 사료로 가공됩니다.

늘 그렇듯 시장은 발 디딜 틈조차 없이 붐볐고, 씨앗 장수들이 펼쳐놓은 씨앗은 삽시간에 팔려나갔습니다. 배가 들어온 지 두 시간도 채 안 되어 시장은 언제 그랬냐는 듯 다시 한산해졌습니다.

이제 시장에는 씨앗 장수들만 남았습니다. 여기저기서 돈 세는 소리가 들려오고, 벌이가 좋은 몇몇은 일찌감치 술판을 벌이기도 합니다. 하지만 여전히 손님을 기다리며 한숨만 푹푹 내쉬는 이가 있었습니다. 바로 이삭입니다. 좌판 위에는 농장 주인조차 거들떠보지 않는 씨앗이 그대로 쌓여 있습니다.

"한 톨도 못 판 겐가?"

옆자리에 있던 노인이 말을 걸어옵니다. 이삭에게 처음으로 씨앗의 비밀을 알려준 바로 그 노인입니다.

"지난달엔 그래도 반쯤은 팔았는데 이번엔 아예 거들떠보질 않네요. 도대체 뭐가 문제인지 모르겠어요. 제 씨앗이 정말 소, 돼지조차 못 먹을 만큼 나쁜 씨앗인가요?"

그러자 노인은 이삭의 씨앗을 뒤적거리며 말했습니다.

"자네, 씨앗 보는 눈이 형편없구먼. 골라내긴 한 건가?"

"얼마나 열심히 골랐는데요."

"골라낸 게 이 모양이란 말이지? 그렇다면 틀림없이 자네 구역이 문제인 게야. 온통 절망과 슬픔, 증오밖에 없구먼. 어떻게 이런 감정으로 하루하루를 살아갈 수 있는지 그저 신기할 따름이네."

"그럼 전 이제 어떡하죠?"

"구역을 옮겨야지. 거기서는 절대로 좋은 씨앗을 구할 수 없네."

"하지만 다른 구역은 이미 저분들이 차지하고 있는 걸요?"

이삭은 맞은편에 앉아 있는 씨앗 장수들을 가리켰습니다. 그들이 앉아 있는 탁자 위에는 푸짐한 안주와 향기로운 술이 가득했습니다. 이삭은 예전부터 그 자리에 한번 끼어보는 게 소원이었습니다. 하지만 술자리는커녕 밥 한 끼 사 먹을 돈조차 없었습니다.

"내 보기엔 두 가지 방법밖에 없네. 다른 일을 알아보든지, 아니면 자네 구역 사람들을 바꿔놓든지."

"사람들을 바꿔놓다니요?"

"어떡하든 그 사람들을 즐겁게 해보란 말일세. 광대짓을 하건 심부름을 하건 잠시라도 그곳 주민들을 즐겁고 행복하게 만들어보란 말이야. 이를테면 투자를 해야 한다 이 말이지."

노인은 일어날 채비를 했습니다. 그는 다른 씨앗 장수들과 달리 바구니를 갖고 있지 않았습니다. 그 대신 허리춤에 작은 주머니 하나만 달려 있었습니다. 이삭은 그가 딱 한 줌밖에 안 되는 씨앗으로도 가장 많은 금화를 벌어들인다는 사실을 알고 있었습니다. 노인의 씨앗은 늘 왕궁의 신하들이 사 가곤 했습니다.

"할아버지 씨앗은 도대체 어떻게 생겼죠? 딱 한 번만 보여주실 수 없나요?"

이삭은 간절한 표정으로 물었습니다. 노인은 잠시 망설이더니 주머니를 살짝 열어보았습니다. 주머니 안에는 맑고 투명한 씨앗이 반짝이고 있었습니다.

'꼭 다이아몬드처럼 생겼구나!'

이삭이 자기도 모르게 손을 쓱 내밀자 노인은 재빨리 주머니를 감추었습니다.

"이런 씨앗을 구할 수 없다면 일찌감치 다른 일을 알아보게."

그러고는 서둘러 자리를 떴습니다.

이삭은 팔지 못한 씨앗을 죄다 바다에 버렸습니다. 씨앗은 거품을 일으키며 어두운 물속으로 사라졌습니다.

"어떻게 하면 보석 같은 씨앗을 구할 수 있을까?"

그의 머릿속에는 좀 전에 봤던 씨앗이 반짝반짝 빛나고 있었습니다. 그때 누군가 그의 어깨를 툭 건드렸습니다.

"그런 씨앗은 아무 데나 널려 있지 않아."

덥수룩한 수염에 주름진 얼굴, 그는 시장 안에서 씨앗 장수들과 어울려 술을 마시던 선장이었습니다. 갑자기 술 냄새가 확 풍기는 바람에 이삭은 코를 움켜쥐었습니다.

"그럼 어딜 가야 그런 씨앗을 구할 수 있죠?"

"집 안으로 들어가봐. 온 가족이 모여 사는 집에 들어가서 침대나 식탁, 소파 밑을 잘 살펴보란 말이야."

"말도 안 돼요. 그건 도둑질이잖아요?"

"귀한 씨앗을 손에 넣고 싶나? 부자가 되고 싶어?"

"물론이죠."

"그럼 그 케케묵은 생각부터 바꿔."

선장은 손가락으로 이삭의 머리를 가리키며 말했습니다.

"그럼 그 할아버지도 그렇게 씨앗을 구한 건가요?"

"훌륭한 씨앗 장수는 뛰어난 도둑이다, 이런 말 못 들어봤나?"

"금시초문인데요."

"허, 이런 밥통을 봤나."

선장은 고개를 절레절레 흔들며 어둠 속으로 사라졌습니다. 이삭은 밤이 깊도록 캄캄한 바닷가에 혼자 서 있었습니다.

돌아갈 집도 없고, 반겨줄 가족도 없는 그는 늘 그래왔듯이 시장 한 귀퉁이에서 딱딱한 빵으로 허기를 달래고, 누더기 차림으로 새우잠을 자며 한 달을 보냈습니다. 그리고 다시 배가 출항하던 날, 이삭은 누구보다 먼저 갑판에 올랐습니다. 배가 '저쪽 세상'의 안개부두를 향해 나아가는 동안 그는 수평선을 바라보며 비장한 각오를 다졌습니다.

'그래, 이건 도둑질이 아니야. 어차피 사람들은 씨앗을 볼 수도, 만질 수도 없잖아.'

마을로 돌아온 지 열흘째 되는 날, 이삭은 어느 집 다락방에서 씨앗 한 톨을 훔치는 데 성공했습니다. 그는 별처럼 반짝이는 씨앗을 꼭 쥔 채 움막을 향해 미친 듯

이 내달렸습니다. 식은땀이 흐르고 심장이 쿵쾅쿵쾅 뛰었습니다. 살면서 이토록 기쁘고 짜릿한 느낌은 처음이었습니다.

이삭은 하루 종일 움막에 틀어박혀 씨앗만 들여다봤습니다. 투명하다 못해 푸른빛이 감도는 최고의 씨앗이었습니다.

'이런 씨앗을 몇 톨이나 더 구할 수 있을까?'

마음 같아서는 열 개, 아니 백 개쯤 모으고 싶었습니다. 처음 담을 넘을 때만 해도 두려움과 죄책감에 온몸이 덜덜 떨렸지만 지금은 달랐습니다.

'그래, 딱 백 개만 채우자. 그때까진 배를 타지 말자.'

이삭은 씨앗을 주머니에 넣고 끈으로 단단히 동여맨 다음, 다시 항아리에 담아 땅에 꼭꼭 묻어두었습니다. 그리고 밤이 이슥해서야 마을을 향해 살금살금 발걸음을 옮겼습니다.

그날부터 이삭은 말 그대로 '밤손님'처럼 살아가기 시작했습니다.

낮 동안 이삭은 아무도 눈여겨보지 않는 넝마주이가 되어 마을 구석구석을 어슬렁거렸습니다. 그러다 밤이 깊으면 이 집 저 집, 담과 지붕 사이를 부지런히 넘나들었습니다.

'뭐든지 처음이 어려운 법이지.'

열다섯 개째 씨앗을 주머니에 넣으며 이삭은 미소를 지었습니다. 어느새 그는 날쌔게 담을 타 넘고 소리 없이 문 여는 법을 터득했습니다. 숨소리만 들어도 사람들이 얼마나 깊이 잠들었는지, 그리고 어떻게 걸어야 발소리를 줄일 수 있는지도 알게 되었습니다. 게다가 집 안 어디쯤에 씨앗이 있을지도 느낌으로 알 수 있었습니다. 이삭은 자기한테 이런 재주가 숨어 있을 줄은 꿈에도 몰랐습니다. 밤마다 지붕을 뛰어다니며 이삭은 생각했습니다.

'꼭 고양이가 된 기분인걸.'

그런 어느 날, 이삭은 지붕 위에서 진짜 도둑고양이와 딱 마주쳤습니다. 고양이는 꼬리를 치켜세운 채 이삭을 빤히 쳐다보았습니다. 이삭은 고양이를 무시하고 다른 지붕으로 건너갔습니다.

잠시 후 고양이는 꼬리를 내리더니 이삭을 뒤따르기 시작했습니다. 그때부터 고양이는 늘 이삭의 주변을 맴돌았습니다. 하지만 이삭은 그 사실을 전혀 눈치채지 못했습니다.

이삭은 마을이 어떻게 생겼고, 사람들이 어떻게 살아가는지도 조금씩 알게 되었습니다. 예전에 아무 씨앗이나 마구 주워 담을 때는 전혀 관심 없던 것들이 지금은 아주 중요해진 겁니다.

오래전 이 마을은 꽤 잘나가던 탄광촌이었지만, 광산이 모두 폐쇄된 지금은 그저 황량한 촌락에 지나지 않았습니다. 남자들은 돈을 벌기 위해 큰 도시로 떠났고, 아낙네들은 날마다 마른 땅을 일궈보려고 애를 썼습니다.

'이러니 좋은 씨앗이 생길 턱이 있나.'

이삭은 길바닥에서만 씨앗을 찾아다니던 그때가 정말 한심하게 느껴졌습니다. 한편으론 이런 절망적인 마을의 집 안 구석구석에 아직도 보석 같은 씨앗이 남아 있다는 사실이 참 신기했습니다.

그는 마을에서 유난히 잘 웃거나 쾌활한 사람들을 주의 깊게 관찰했습니다. 그런 사람들 집에서는 틀림없이 씨앗 한 톨쯤은 찾아낼 수 있기 때문입니다.

"하나, 둘, 셋, 넷……."

씨앗은 모두 스물아홉 톨이었습니다. 이삭은 한숨을 푹 내쉬었습니다. 그동안 적어도 하루에 두세 톨씩은 주웠는데 언제부터인가 씨앗이 통 보이지 않았습니다. 지붕을 타거나 담을 넘어 구석구석 샅샅이 뒤져봐도 순 거무튀튀한 씨앗뿐이었습니다. 별처럼 빛나는 다이아몬드 씨앗은 더 이상 눈에 띄지 않았습니다.

줄어들거나 사라지기 시작한 것은 씨앗뿐만이 아니었습니다. 그나마 간간이 들리던 웃음소리도, 아이들 입가에 피어나던 미소도 이젠 도무지 볼 수가 없었습니다. 반짝이는 씨앗을 만들어내던 최소한의 즐거운 감정마저 모두 사라진 것 같았습니다. 백 개의 씨앗을 금방 모을 수 있으리라 여겼던 이삭은 안타까운 마음이 들었습니다.

‘혹시 내가 모르는 무슨 일이라도 생긴 걸까?’

이삭은 너무 답답한 나머지 마을 사람들에게 다가가기 시작했습니다. 냇가에서 빨래를 하는 아낙네들도 만나고, 담벼락에 쪼그리고 앉아 해바라기를 하는 노인들도 만났습니다.

“요즘 마을에 무슨 안 좋은 일이라도 생겼나요?”

이렇게 물으면 돌아오는 대답은 매번 한결같았습니다.

“새삼스럽게 무슨 소리요? 여긴 늘 안 좋은 일뿐인걸.”

며칠째 마을을 돌아다니던 이삭은 한 가지 중요한 사실을 알게 되었습니다. 사람들이 기쁨을 느끼지 않는 한 더 이상 씨앗을 얻을 수 없다는 것을 말입니다. 이삭은 언젠가 늙은 씨앗 장수가 했던 이야기를 떠올렸습니다.

“어떡하든 그 사람들을 즐겁게 해보란 말일세. 광대짓을 하건 심부름을 하건 잠시라도 그곳 주민들을 즐겁고 행복하게 만들어보란 말이야.”

이삭은 마을 아낙들 틈에 끼어 마른 땅을 갈기 시작했습니다. 처음엔 다들 그의 행동을 의아하게 생각했고, 이삭도 ‘이게 뭐하는 짓인가’ 싶었습니다. 하지만 며칠 뒤 아낙네들의 집에서 빛나는 씨앗 한 톨을 발견한 뒤부터 이삭은 더 열심히 밭을 갈았습니다.

‘투자를 해야 한다는 게 바로 이런 뜻이었군.’

이삭은 밭갈이 말고 또 다른 일을 찾아보았습니다. 광대짓도 그중 하나였습니다.

이삭이 광대 옷을 입고 아이들 앞에 처음 나타났을 때 짓궂은 녀석 하나가 작대기로 쿡쿡 찔러댔습니다. 이삭은 순간적으로 화가 나서 인상을 확 찌푸렸지만 얼굴에 광대 분장을 해놓은 바람에 오히려 아주 우스꽝스러운 표정이 되고 말았습니다. 그 모습을 보고 아이들은 킥킥 웃었습니다.

'어? 아이들이 웃네?'

이삭은 속으로 이거다 싶었습니다. 그래서 아이들이 쿡쿡 찌를 때마다 데굴데굴 구르며 아픈 시늉을 했습니다. 웃음소리는 더 커지고, 아이들도 점점 모여들었습니다. 그렇게 하루 종일 놀고 나면 그날 밤 아이들이 잠든 방에서 한두 개의 씨앗이 반짝이곤 했습니다.

하지만 이 마을 사람들의 즐거운 감정은 이틀 이상 이어지는 법이 없었습니다. 어제까지만 해도 즐겁게 웃던 사람이 오늘은 다시 땅이 꺼져라 한숨만 쉬었습니다. 마치 온 마을 사람들이 조울증에라도 걸린 것 같았습니다. 그래서 이삭이 한 톨이라도 씨앗을 더 주우려면 매일매일 쉬지 않고 광대짓을 하거나 밭을 갈아야 했습니다.

그런 어느 날 이삭은 한 무리의 아이들이 누군가에게 돌을 던지며 욕하는 광경을 목격했습니다.

"얘들아, 왜 그러니?"

달려가서 보니 다름 아닌 도둑고양이였습니다. 녀석은 그동안 얼마나 시달렸는지 온몸에 털이 빠지고 꼬리마저 반쯤 잘린 채 나뭇가지에서 벌벌 떨고 있었습니다.

"그만둬! 가엾은 고양이를 왜 못 살게 구는 거
야?"

이삭이 아이들을 말리는 사이 고양이는 재빨리 나무에서 내려와 어디론가 달아났습니다. 그러자 한 아이가 돌멩이를 쥔 채 이렇게 말했습니다.

"저건 고양이가 아니라 마귀예요, 마귀!"

이삭은 고양이가 왜 마귀로 불리는지 마을 아낙네들을 통해 알게 되었습니다.

"그놈의 고양이가 이 집 저 집 들락거릴 때마다 온갖 나쁜 일이 생긴다우. 밤마다 도둑질을 하는 것 같은데 없어진 건 아무것도 없고, 대신 하루 종일 기분만 울적해지지 뭐유? 누구는 그 고양이가 사람의 마음을 훔친다고 합디다. 고양이 때문에 마을을 떠나버린 사람도 있을 정도라우. 어찌나 몸이 날랜지 당최 잡을 수도 없고, 참 큰일이네."

이삭은 속으로 코웃음을 쳤습니다. 자신들의 불행을 그저 고양이 탓으로만 돌리는 마을 사람들이 참 한심하게 느껴졌습니다.

그날 밤, 이삭은 지붕을 타다가 고양이와 다시 마주쳤습니다. 순간 이삭은 돌처럼 굳어버리고 말았습니다. 고양이는 반짝반짝 빛나는 씨앗을 사탕처럼 날름날름 핥고 있었습니다.

"먹지 마, 착하지? 먹으면 안 돼."

이삭은 씨앗을 빼앗으려고 살금살금 다가갔습니다.

고양이는 잘린 꼬리를 치켜세우고는 이삭을 빤히 쳐다보았습니다. 그러더니 반짝이는 씨앗을 입에 물고 "야옹" 하며 다른 지붕으로 유유히 사라졌습니다. 이삭은 우두커니 서서 어둠에 잠긴 지붕을 바라보았습니다.

'어떻게 씨앗을 볼 수 있지?'

사람이건 동물이건 이쪽 세계에서는 절대로 씨앗을 볼 수 없습니다. 그런데 그 고양이는 어떻게?

'혹시……'

그때 갑자기 배 위에서 씨앗 장수들이 하던 이야기가 퍼뜩 떠올랐습니다. 아주 가끔, 개나 고양이가 배에 몰래 숨어들기도 한다는 얘기였습니다. 만일 그게 사실이라면 방금 보았던 그 고양이는 이삭처럼 저쪽 세계에서 건너온 게 분명합니다. 게다가 녀석은 씨앗의 맛까지 알게 된 것입니다. 이삭은 씨앗 구하기가 점점 어려워진 이유가 모두 고양이 때문이라고 생각했습니다.

"놈을 잡아야 한다. 반드시 잡아야 해."

이삭은 밤마다 고양이를 쫓았습니다. 고양이는 언제나 반짝이는 씨앗을 입에 문 채 유령처럼 지붕을 뛰어다녔습니다. 그럴 때마다 이삭은 씨앗이 아까워 죽을 지경이었습니다. 이따금 굴뚝이나 창고 주변에서 씨앗을 발견할 때도 어김없이 고양이가 서 있곤 했습니다. 이삭은 행여 고양이가 씨앗을 먼저 물어갈까 부리나케 달려가서 씨앗을 주웠습니다.

'그래, 우리 둘 다 씨앗을 찾아다니는 건 마찬가지지.'

마침내 이삭은 씨앗으로 고양이를 유인해보기로 했습니다. 고양이가 자주 나타나는 곳에 씨앗을 뿌려놓고 그물을 쳐둔 것입니다. 하지만 고양이는 생각보다 영리해서 절대로 미끼를 무는 법이 없었습니다.

이삭은 점점 지쳐갔습니다. 아무래도 포기해야겠다고 생각할 무렵, 이삭에게 좋은 아이디어가 떠올랐습니다.

'녀석이 어디서 잠을 자는지 알아봐야겠다!'

그는 먼발치에서 고양이를 관찰했습니다. 그런데 이삭의 행동이 추격에서 관찰로 바뀐 순간부터 새로운 사실이 속속 드러나기 시작했습니다.

고양이가 지붕 위에 모습을 드러낼 때는 언제나 입에 씨앗을 물고 있었습니다. 이삭은 그때마다 '또 어디서 씨앗을 훔쳤구나!' 하고 여겨왔습니다. 하지만 자세히 관찰해보니 오히려 반대였습니다. 고양이가 창문을 통해 집으로 들어갈 때는 입에 씨앗을 물고 있었지만, 나올 때는 씨앗이 보이지 않았습니다. 이삭은 이해할 수가 없었습니다.

'씨앗을 훔치는 게 아니라면 대체 뭐지?'

이삭은 살금살금 고양이를 뒤쫓기 시작했습니다. 고양이는 어둠에 잠긴 마을을 천천히 가로질러 이삭의 움막이 있는 뒷산 쪽으로 향했습니다. 이따금 녀석이 멈춰 서서 사방을 두리번거릴 때마다 이삭은 나무 뒤로 재빨리 몸을 숨겼습니다.

뒷산 초입의 갈림길에 이르자 고양이는 곧장 왼쪽 길로 접어들었습니다. 오른쪽은 움막으로 이어진 길이기 때문에 이삭이 왼쪽 길을 걷는 것은 이번이 처음입니다.

산길을 한참 오르던 이삭은 어느 폐광 입구에서 걸음을 멈췄습니다. 예전에는 수많은 광부가 드나들던 곳이지만, 지금은 금방이라도 무너질 것처럼 초라한 동굴에 지나지 않았습니다.

'이런 데서 살고 있었군!'

이삭은 고양이가 탄광 속으로 들어가는 모습을 뚫어져라 지켜보았습니다. 그러고는 커다란 나뭇가지를 꺾어 손에 꽉 쥐었습니다. 당장이라도 굴속으로 들어가 고양이를 잡을 기세였습니다. 바로 그때 고양이가 다시 굴 밖으로 쏙 튀어나왔습니다.

'어, 저게 뭐지?'

이삭은 깜짝 놀랐습니다. 고양이가 반짝이는 씨앗을 한입 가득 물고 잠시 사방을 둘러보더니 이내 마을 쪽으로 내달리기 시작했습니다. 이삭은 고양이를 뒤쫓지 않았습니다. 대신 두근두근 설레는 마음을 안고 탄광 속으로 한 걸음, 두 걸음 들어섰습니다.

굴속은 칠흑 같이 어두웠지만 이삭은 눈이 부실 지경이었습니다. 그곳은 마치 고대 왕들의 무덤처럼 빛나는 씨앗이 수북이 쌓여 있었습니다.

이삭은 손바닥 가득 씨앗을 퍼 올렸습니다. 손가락 사이로 씨앗들이 빛을 내며 떨어졌습니다. 그는 어째서 이 어둡고 냄새나는 굴속에 이토록 귀한 씨앗이 쌓여 있는지 이해할 수가 없었습니다.

어쨌든 분명한 것은 이제 더 이상 고양이를 쫓거나 씨앗을 훔칠 필요가 없다는 사실입니다. 이삭은 허리춤에서 보자기를 꺼내어 씨앗을 퍼 담기 시작했습니다.

그런데 한 줌, 또 한 줌 퍼 담을수록 '왜 이런 곳에 씨앗이 쌓여 있을까?' 하는 궁금증이 점점 커졌습니다. 그는 오래전 이 탄광에서 일하던 광부들을 상상해보았습니다.

'언제 무너질지 모르는 굴속으로 들어가면서 그들은 무슨 생각을 했을까?'

가진 것 하나 없는 그들로서는 어쩌면 마지막으로 할 수 있는 일이 '희망을 품는 것'이었는지도 모릅니다.

'정말 그럴까? 옛날 그 광부들이 품었던 마지막 희망이 이렇게 씨앗으로 변한 걸까?'

그때 어디선가 끼이익, 뚜두둑 하는 소리가 희미하게 들려왔습니다.

'뭐지?'

그게 무슨 소리인지 깨닫기까지는 불과 몇 초도 걸리지 않았습니다. 하지만 이삭이 아무리 빨리 깨달았다 하더라도 결과는 달라지지 않았을 것입니다. 뚜두둑 소리와 함께 순식간에 굴이 무너져내렸기 때문입니다.

무너져내린 흙과 돌, 먼지, 그리고 씨앗들 속에 파묻힌 채 이삭은 마지막 숨을 몰아쉬고 있었습니다.

'이렇게 죽게 될 줄이야.'

그 짧은 순간, 이삭의 머릿속에는 초라한 도둑고양이의 눈망울이 별빛처럼 떠올랐습니다. 그는 고양이가 그동안 무슨 일을 하고 있었는지 그제야 알 것 같았습니다. 고양이는 매일 밤마다 마을 사람들을 위해 귀한 씨앗을 나눠주었던 것입니다. 그리고 그 씨앗을 열심히 훔친 것은 바로 이삭 자신이었습니다.

'그래, 마귀는 바로 나였어. 마음을 훔치는 마귀.'

잠시 후 그는 스르르 눈을 감았습니다. 흘러내린 눈물 위로 씨앗이 쌓이고 또 쌓였습니다.

뒷산의 오래된 굴은 수많은 씨앗과 이삭을 삼킨 채 탄광으로서의 마지막 자취마저 감추고 말았습니다.

누군가 얼굴을 쓰다듬었습니다. 또 어디선가 맑은 바람이 불어왔습니다. 이삭이 가늘게 눈을 뜨자 고양이의 얼굴이 보였습니다. 녀석은 쉴 새 없이 이삭을 핥았습니다. 이삭은 가까스로 정신을 차리고 주변을 둘러보았습니다. 무너진 흙더미 사이로 자그마한 구멍이 보였습니다.

"네가 뚫고 들어왔구나!"

이삭은 구멍으로 고양이를 다시 내보내고는 정신없이 파헤치며 기어 나가기 시작했습니다.

흙더미를 간신히 벗어난 이삭은 고양이를 안고 정신없이 탄광을 탈출했습니다. 바깥은 벌써 아침이 훤히 밝아 있었습니다. 곧이어 마지막 굉음과 함께 탄광의 입구마저 모두 무너져내렸습니다.

"네가 날 살려줬구나. 네가 날 살렸어!"

이삭은 고양이에게 입을 맞추려다 깜짝 놀라고 말았습니다. 고양이는 죽은 듯 축 늘어진 채 숨을 쉬지 않았습니다. 구멍을 뚫느라 만신창이가 된 고양이의 몰골이 그제야 눈에 들어왔습니다.

"안 돼, 죽으면 안 돼!"

이삭은 미친 듯이 고양이를 쓰다듬고 숨을 불어넣었습니다. 그러자 고양이의 맥박이 끊어질 듯 말 듯 가늘게 뛰기 시작했습니다. 이삭은 고양이를 품에 안고 움막을 향해 내달렸습니다.

이삭은 고양이를 움막에 누인 뒤 바닥을 파헤쳐 항아리부터 꺼냈습니다. 항아리 안에는 그동안 꼬박꼬박 모아온 일흔아홉 개의 씨앗이 반짝반짝 빛나고 있었습니다. 이삭은 망설이지 않고 씨앗을 죄다 그릇에 부은 다음 곱게 갈았습니다. 그러고는 샘에서 길어온 물에 씨앗 가루를 타서 한 모금 입에 문 뒤 고양이 입으로 흘려 넣었습니다.

그는 꼬박 이틀 동안 밤낮 없이 그 일을 되풀이했습니다.

마침내 사흘째 되는 날 아침, 고양이는 가르랑가르랑 소리를 내며 눈을 떴습니다. 이삭과 눈이 마주치자 고양이는 "야옹" 하며 기지개를 켰습니다. 이삭은 고양이를 품에 안았습니다. 눈에서는 자기도 모르게 뜨거운 눈물이 흘러내렸습니다.

며칠 후 이삭은 고양이를 안고 다시 탄광을 찾았습니다. 이제는 굴이 완전히 무너진 탓에 그곳이 탄광이었는지조차 알 수 없게 변했습니다. 이삭은 들고 있던 곡괭이로 굴을 파기 시작했습니다. 씨앗을 가져가기 위해서가 아니라 고양이가 하던 일을 계속 이어가기 위해서였습니다. 굴속에 쌓여 있는 씨앗들은 모두 기쁨과 희망, 용서, 사랑으로 빚어진 것이었습니다. 이삭은 그 귀한 씨앗들을 다시 마을에 뿌려야 한다고 생각했습니다.

다시 몇 주일이 흐른 어느 날 밤, 이삭은 고양이와 함께 지붕과 지붕을 넘나들며 씨앗을 뿌리기 시작했습니다. 어둠에 잠긴 마을의 지붕 위로 수많은 씨앗이 별처럼 흩날렸습니다. 이삭은 고양이를 꼭 껴안으며 속삭였습니다.

"이곳은 이제 세상에서 제일 기쁘고 행복한 마을이 될 거야."

씨앗 도둑

아주 신비로운 씨앗이 있었어요.

열매가 아니라 사람의 마음에서 생겨난 씨앗이에요.

사람들은 날마다 아주 많은 감정을 느끼며 살잖아요.

즐거움, 슬픔, 기쁨, 외로움…….

그런데 이런 감정들은 그냥 사라지는 게 아니에요.

사람들이 잠들고 나면 감정끼리 꽁꽁 뭉쳐서 아주 작은 씨앗으로 변한답니다.

그래서 즐거움, 기쁨, 행복 같은 감정은 좋은 씨앗이 되고,

슬픔, 미움, 외로움, 짜증 같은 감정은 나쁜 씨앗이 되는 거예요.

제일 귀한 씨앗은 별처럼 반짝반짝 빛이 나요.

하지만 사람들은 씨앗을 볼 수 없어요.

저쪽 나라에서 온 사람들만 볼 수 있죠.

저쪽 나라는 우리가 모르는 또 다른 세상이에요.

이삭은 저쪽 나라에서 온 씨앗 도둑이에요.

밤마다 남의 집에 몰래 들어가 귀한 씨앗을 훔쳤죠.

이 마을은 아주 가난해서 기쁜 일도, 즐거운 일도 별로 없었어요.

하지만 아직도 여기저기 웃음소리가 들리고

집집마다 한 톨, 두 톨 귀한 씨앗이 숨어 있곤 했죠.

그래서 이삭은 날마다 씨앗을 훔칠 수 있었어요.

그런데 언제부터인가 씨앗이 통 보이지 않았어요.

구석구석 집을 뒤져봐도 순 거무튀튀한 씨앗뿐이었죠.

이삭은 밤마다 한숨만 폭폭 내쉬었어요.

그런 어느 날, 이삭은 지붕 위에서 도둑고양이를 만났어요.

아니 그런데 저게 뭐죠?

고양이가 반짝반짝 빛나는 씨앗을 날름날름 핥고 있지 뭐예요.

"이 나쁜 녀석! 그동안 네놈이 씨앗을 다 훔쳐 먹었구나!"

그때부터 이삭은 고양이만 쫓아다녔어요.

하지만 고양이가 어디 그렇게 쉽게 잡히겠어요?

마을 사람들도 고양이를 아주 싫어했어요.

고양이가 이 집 저 집 들락거리기만 하면

왠지 슬프고 우울한 일만 생긴다는 거예요.

"그 고양이는 사람의 마음을 훔쳐 먹는 마귀예요, 마귀!"

이삭은 정말 큰일이라고 생각했어요.

고양이가 씨앗을 자꾸 훔쳐 먹으면 사람들도 점점 불행해지고,

더 이상 좋은 씨앗도 생기지 않을 테니까요.

이삭은 멀리서 고양이를 가만히 살펴보기로 했어요.

고양이가 잠자는 곳을 알아뒀다가 몰래 가서 붙잡을 생각이었죠.

그런데 참 별일이지 뭐예요?

고양이가 창문으로 들어갈 때는 분명히 씨앗을 물고 있었는데,

나올 때는 씨앗이 보이지 않는 거예요.

'씨앗을 훔치는 게 아니잖아?'

이삭은 살금살금 고양이를 뒤쫓기 시작했어요.

고양이는 밤길을 가로질러 어느 동굴로 쏙 들어갔어요.

예전에는 광부들이 드나들던 곳이지만,

지금은 금방이라도 무너질 것 같은 오래된 탄광이었죠.

이삭은 커다란 나뭇가지를 꺾어 손에 꽉 쥐었어요.

당장이라도 굴속으로 들어가 고양이를 잡을 기세였죠.

그때 갑자기 고양이가 다시 굴 밖으로 쏙 튀어나왔어요.

아니 그런데 저게 뭐죠? 고양이가 씨앗을 물고 있네요.

고양이는 반짝반짝 빛나는 씨앗을 한입 가득 물고는 곧장 마을로 뛰어갔어요.

고양이가 사라진 다음, 이삭은 천천히 굴속으로 들어갔어요.

굴속에서 이삭은 무엇을 보았을까요? 바로 씨앗이에요.

잔뜩 쌓인 씨앗이 보석처럼 반짝반짝 빛나고 있지 뭐예요?

'왜 이런 곳에 씨앗이 쌓여 있을까?'

사실 그 씨앗은 먼 옛날 광부들의 마음에서 생겨난 거예요.

어둡고 무서운 굴속에서 광부들이 품었던 마지막 희망이

씨앗으로 남아 있었던 거죠.

'아무렴 어때? 난 이제 부자야, 세상에서 제일 큰 부자!'

이삭은 보자기를 꺼내어 정신없이 씨앗을 퍼 담기 시작했어요.

그때 어디선가 우두둑 하는 소리가 들려왔어요.

'앗, 이게 무슨 소리지?'

뚜두둑, 쿵!

순식간에 굴이 와르르 무너져내렸어요.

이삭은 씨앗과 함께 굴속에 파묻히고 말았어요.

그 순간 이삭의 머릿속에 도둑고양이의 눈망울이 떠올랐어요.

그동안 고양이가 무슨 일을 해왔는지 그제야 알 것 같았죠.

고양이는 날마다 마을 사람들을 기쁘게 해주려고

열심히 씨앗을 나눠준 거예요.

그때마다 씨앗을 날름날름 훔친 건 바로 이삭이었죠.

'그래, 마귀는 바로 나였어.'

이삭은 눈물을 흘리며 후회했어요.

굴속에 파묻힌 이삭은 어떻게 됐을까요?

놀랍게도 이삭은 목숨을 구할 수 있었어요.

고양이가 무너진 흙더미를 뚫고 들어와 이삭을 깨운 거예요.

이삭은 고양이와 함께 굴속에서 간신히 기어 나왔어요.

하지만 고양이는 죽은 듯이 축 늘어진 채 숨을 쉬지 않았어요.

"안 돼, 죽으면 안 돼!"

이삭은 그동안 모아둔 씨앗을 정성껏 갈아서 고양이에게 먹였어요.

그리고 며칠 동안 잠도 안자고 고양이를 보살펴주었죠.

마침내 고양이는 가르랑가르랑 소리를 내며 눈을 떴어요.

이삭은 고양이를 꼭 껴안고 눈물을 흘렸어요.

그 뒤로 이삭은 밤마다 고양이와 함께 지붕 위를 걸어 다녔어요.

굴속에서 캐낸 씨앗을 열심히 뿌리면서 말이에요.

이삭은 고양이를 쓰다듬으며 속삭였어요.

"이곳은 이제 세상에서 제일 기쁘고 행복한 마을이 될 거야."

"기쁨을 나누는 아이로 자라렴."

기쁨은 어떻게 생겼을까?

즐거움, 행복, 사랑은 또 어떻게 생겼을까?

그런 감정들을 하나하나 만져볼 수는 없을까?

감정이란 건 참 신기한 것 같아.

눈에 보이지는 않지만 그렇다고 없는 건 아니거든.

만약에 이삭처럼 우리도 감정이라는 씨앗을 볼 수 있다면,

매일매일 어떤 느낌으로 살아야 할지 좀 더 잘 알게 될 거야.

그럼 슬픔이나 미움, 절망 같은 나쁜 씨앗보다는

기쁨, 사랑, 희망 같은 귀한 씨앗을 만들고 싶어지지 않을까?

엄마는 그런 귀한 씨앗들만 골라서 마음속에 꼭꼭 심고 싶어.

마음속에 아름다운 숲이 생기면 귀한 씨앗들도 점점 더 많이 생겨나겠지?

아가야, 너는 이제 아주 울창하고 향기로운 숲에서 놀게 될 거야.

정말 재미있는 세상이 널 기다리고 있어

아이들은 저마다 보물 상자를 하나씩 가지고 있습니다. 친한 친구가 집에 오면 "너한테만 보여줄게" 하며 꼭꼭 숨겨둔 보물 상자를 꺼내곤 합니다.

상자 안에 들어 있는 온갖 잡동사니는 어른들 눈엔 하찮것없어 보이지만 아이에겐 대단히 소중한 기념품들입니다. 아이가 잠든 뒤에 상자를 한번 들여다보세요. 상자 안에는 아이가 하루하루 커가면서 느꼈던 기쁨, 즐거움, 희망, 설렘, 기대가 잔뜩 들어 있습니다. 그래서 보물 상자라고 부르는 겁니다.

아이들은 본능적으로 좋은 감정을 마음속에 심어둘 줄 압니다. 감정을 '씨앗'으로 표현하는 까닭도 여기에 있습니다. 씨앗을 심으면 나무가 되고 숲이 되듯이 감정도 마음속에서 커다란 숲을 이룹니다. 숲이 울창하면 울창할수록 아이의 정서도 그만큼 풍부해지겠죠. 결국 아이가 자란다는 것은 정서의 숲을 키워나간다는 뜻이 됩니다.

아이들은 상상을 통해서도 현실에서와 똑같은 경험을 합니다. 아이들이 끝없이 이야기를 해달라고 조르는 것은 자기만의 정서적 경험을 쌓고 싶어 하기 때문이죠. 이야기 속에서 느꼈던 흥분과 기대, 슬픔과 희망, 사랑은 전부 씨앗이 되어 아이의 마음에 내려앉습니다. 아이의 숲은 그렇게 커갑니다. 그리고 마음속 푸른 숲으로 인해 아이는 인생의 폭풍도 거뜬히 헤쳐 나가게 됩니다.

아이의 마음에 긍정의 숲이 푸르고 울창하게 커나가는 모습을 상상해보세요. 그 숲은 평생토록 아이를 굳건히 지켜줄 겁니다. 그러기 위해서는 무엇보다 숲이 번성할 수 있는 토양을 잘 가꿔야겠죠. 그것이 바로 엄마의 역할입니다.

태교는 엄마가 아이에게 약속을 하는 시간이라고 합니다. 예를 들면 자기감정에 솔직하고, 아이의 느낌을 존중하며, 늘 공감하고 이해하는 자세를 갖는 것도 좋은 약속입니다. 이제 곧 태어날 아이에게 가장 잘 준비된 엄마란 한마디로 정서지능이 높은 엄마일 겁니다. 하지만 아무래도 정서지능이라는 딱딱한 용어보다는 '재미있게 노는 마음'이라는 표현이 더 친근할 것 같군요.

갓난아이에게 이 세상은 경쟁이 심한 곳이니 어려움을 무릅쓰고 열심히 노력해야 한다고 가르칠 부모는 없을 겁니다. 그리고 자기 분야에서 의미 있는 성취를 이룬 사람들은 대부분 자기 일을 '즐거운 놀이'처럼 생각한다는 공통점이 있습니다.

기본적으로 부모는 인생, 혹은 이 세상에 대한 생각의 프레임을 '재미'에 맞춰야 할 필요가 있습니다. 재미 속에서 놀이가 활발해지고, 또 그 놀이 속에서 보다 긍정적인 정서 체험이 가능해지기 때문입니다.

실제로 아기들을 보면 갓 태어날 때부터 무조건 재미있게 놀기로 작정한 것만 같습니다. 이때 엄마가 똑같은 눈높이에서 느낌을 공유하고 적극적으로 교류한다면 아이가 느끼는 재미는 더욱 배가됩니다. 아이는 나날이 다양한 감정을 배우고 체험하며, 이 과정을 통해 정서지능을 높일 수 있는 토대가 갖춰집니다.

아이가 누리게 될 재미 가운데서도 가장 으뜸은 '이야기의 형태를 갖춘 감동'이 아닐까요? 예를 들어 "이 작은 돌멩이는 천 년 동안 눈 속에 파묻혀 있다가 널 만나러 세상에 나온 거야"라고 이야기를 입히는 순간 아이는 하잘것없는 돌멩이에도 마음을 연결합니다.

아이들은 깨어 있는 매 순간마다 정서적 공감의 대상을 향해 감성의 주파수를 무한정 열어놓고 있습니다. 레이디 캔의 깡통 안에 들어 있는 온갖 잡동사니처럼 아이들의 보물 상자에도 수많은 이야기와 감동이 들어 있는 셈이죠.

이야기를 통한 재미와 감동을 보다 풍요롭게 누리기 위해서는 엄마도 아이와 똑같이 상상의 세계를 넘나들 수 있어야 합니다. 간혹 아이가 어릴 때부터 실용적인 사실의 세계만 보도록 가르치는 경우도 있지만, 아이들에게는 사실과 상상의 구분이 별 의미가 없습니다. 오히려 상상의 세계에서 더욱 의미 있는 정서적 체험을 누릴 수 있죠.

배 속의 아이와 나누는 태담 역시 이야기의 형식을 갖출수록 좋습니다. 어느 하루, 엄마에게 몹시 기쁜 일이 생겼다면 어떻게 해서 그런 기쁨을 만날 수 있었는지, 그리고 그런 감정으로 인해 하루가 얼마나 풍요로워졌는지를 수다 떨 듯이 미주알고주알 이야기해주세요.

이야기 형태의 대화에 익숙한 아이들은 단편적으로 스쳐 지나가는 사소한 현상 속에서도 감동의 요소를 찾아낼 줄 알게 됩니다. 주변에서 뛰어난 리더 기질을 보이는 사람들을 잘 관찰해보면 특히 이런 능력이 탁월하다는 사실을 알 수 있습니다. 친구나 동료의 작은 성취에도 큰 의미를 부여할 줄 알기 때문이죠. 더 나아가 절망과 시련의 시기를 맞았을 때도 그 속에서 희망의 씨앗을 찾아내고, 그 씨앗이 나무로 자라날 수 있도록 긍정의 스토리를 만들어냅니다.

더없이 아름답고 강한 이 감정들은 모두 씨앗의 형태로 시작합니다. 고대 신화에서 대지를 여신으로 표현한 까닭은 그 씨앗들을 품고 있기 때문입니다.

지금 이 순간에도 당신의 그 풍요로운 품속에서 가장 소중한 생명이 숨 쉬고 있습니다. 마침내 만나는 그날, 아기는 엄마가 준비한 재미있고 감동적인 세상을 보게 될 것입니다.

끝에서
다시 시작되는
진짜 이야기

섬 언덕배기에 오래된 폐교가 있습니다.

텅 빈 운동장엔 잡초가 무성하고, 미끄럼틀은 녹이 슬어 잘 미끄러지지 않습니다. 벽에도 여기저기 금이 가고, 깨진 창문 위로는 넝쿨이 덮여 있습니다.

섬이 육지였을 때는 이렇지 않았을 겁니다. 하루 종일 아이들 노는 소리가 끊이지 않았겠죠. 하지만 지금은 아무도 찾지 않는 쓸쓸한 섬이 되고 말았습니다. 육지였던 이곳이 어쩌다가 섬으로 변했는지는 잘 모르겠습니다. 지구 온난화로 해수면이 상승했기 때문이라는 사람도 있고, 지각변동 때문이라는 사람도 있습니다.

여기가 원래부터 섬이 아니었다는 건 한눈에 알 수 있습니다. 육지가 마주 보이는 바닷가에 아주 작고 낡은 기차역이 있으니까요. '섬마을 기차역'이라니 참 별일이죠? 게다가 역사 앞에는 아직도 녹슨 기찻길이 남아 있습니다.

이 섬에 도착하던 날, 철길을 따라 쭉 걸어봤습니다. 물론 오래 걸을 수는 없었죠. 철길이 해변에 이르러 바다 속으로 자취를 감추었으니까요. 거기 서서 한참 보고 있자니 금방이라도 기차가 파도를 가르며 쑥 나타날 것만 같았습니다. 정말 그런 일이 벌어진다면 얼마나 신날까요. 바다 속 철길 위로 기차가 다닌다는 건 순전히 상상에 불과하지만, 사실 이 섬마을 사람들에게는 아직도 소망으로 남아 있습니다. 주민들은 자신들의 터가 어느 날 갑자기 섬이 되었듯이 또 언젠가는 거짓말처럼 바닷물이 빠지고 다시 육지와 이어질 수도 있다는 믿음을 품고 있습니다. 그래서 바닷가의 기차역과 녹슨 철길을 마냥 그렇게 내버려두었죠.

이 섬에서 겨울을 나는 동안 동화를 한 편 써보려고 했습니다. 늙은 기차의 마지막 모험에 관한 이야기였죠. 내가 이 섬에 온 것도 사실은 섬마을 기차역을 무대로 삼고 싶어서였습니다. 글이 막힐 때마다 섬 주변을 거닐곤 했는데, 도착한 지 사흘 만에 섬 구석구석을 다 알게 된 걸 보면 아무래도 글이 잘 안 써진다는 뜻일 겁니다.

백 년 동안 하루도 쉬지 않고 달린 기차가 있었습니다.

섬에 도착한 뒤로 내가 쓴 글이라곤 달랑 이 한 문장뿐입니다.
'어쨌든 첫 문장은 썼으니까 뭐.'

나는 억지로 글을 쓰기보다는 글이 저절로 떠오를 때까지 기다리기로 했습니다. 그러자면 무조건 걷는 수밖에 없겠죠.

낡고 부서진 기차역에서부터 오래된 폐교를 지나 섬을 한 바퀴 도는 데는 두어 시간이면 충분합니다. 누가 어디에 사는지도 이젠 웬만큼 다 압니다. 기억력이 좋아서가 아니라 주민들이 그만큼 적다는 얘깁니다.

횟집 주인 장씨는 해가 지면 술과 안주를 챙겨들고 바닷가에 나와 앉아 흘러간 옛 노래를 부릅니다. 말도 많고 눈물도 많은 사람이죠. 게다가 약간 허무맹랑한 얘기를 즐기는 편입니다. 이따금 별을 쳐다보며 제멋대로 별자리 이야기를 지어내기도 하는데, 그럴 때면 나보다 장씨가 동화를 쓰기에 더 적격인 것 같습니다.

나이 지긋한 어촌계장님은 장씨가 황당한 얘기를 꺼낼 때마다 소리를 버럭 지르면서도 매번 "그래서 어떻게 됐는데?" 하며 귀를 기울입니다.

사람 좋은 김 선장도 바닷가 술자리의 단골손님이죠. 우리는 틈만 나면 바닷가에 모닥불을 피우고 앉아 기다란 나뭇가지에 생선 한 마리씩 꽂아서 구워먹곤 하죠.

아주 가끔 김 선장이 만선으로 돌아오는 날이면 섬마을 사람들이 다 모일 때도 있습니다. 하지만 그런 일은 일 년에 한두 번뿐이라고 합니다. 점점 무인도로 변해가는 이 섬의 마지막 주민들에게는 웃고 즐길 만한 일이 거의 없습니다.

나는 다 쓰러져가는 기차역 벤치에 앉아 가까스로 몇 문장을 더 적어봅니다.

백 년 동안 하루도 쉬지 않고 달린 기차가 있었습니다.

기차가 마지막 운행을 마치던 날,

종착역 주변으로 많은 사람들이 몰려나와 꽃다발을 던지고 박수를 칩니다.

늙은 역장은 기차에 입을 맞추며 눈물을 흘렸습니다.

내일이면 기차는 평생 한 번도 벗어나본 적이 없는 철길을 떠나

열차박물관으로 가게 됩니다. 거기서 기차는 영원히 쉬게 될 겁니다.

영원히 쉰다는 건 영원히 달리지 않는다는 뜻입니다.

백 년간의 운행을 끝낸 기차는 어떤 기분일까? 나는 기차의 마음을 알고 싶었습니다. 기차에게도 못다 한 꿈이 있을 텐데 말입니다. 나는 답답한 마음을 잠시 접어두고 다시 철길 위를 걷습니다.

기차역에서 조금 떨어진 외딴집에는 어부의 아내가 혼자 살고 있습니다. 장씨는 그 집을 바라볼 때마다 '이 섬에서 제일 딱한 사람'이라며 눈시울을 붉힙니다. 어

부의 아내는 만삭의 몸으로 날마다 바닷가에 나와 앉아 멀리 고기잡이 떠난 남편을 그리워합니다. 그녀는 두 사람을 기다리고 있는 셈이었습니다. 돌아오지 않는 남편과 이제 곧 태어날 아기였죠. 그녀는 아기가 아빠도 없이 이 쓸쓸한 섬에서 외롭게 태어날까봐 두렵다고 했습니다.

"이보게 새댁, 그런 일은 없을 테니 걱정하지 말게. 아기가 태어나기 전까지는 틀림없이 돌아올 게야."

하지만 나는 장씨가 늘 버릇처럼 수평선을 바라보며 한숨짓는다는 걸 잘 알고 있었습니다. 말도 많고 정도 많은 그는 아무도 몰래 새댁의 집 앞에 전복죽을 갖다 두기도 합니다. 장씨의 부인도 새댁이 안쓰러운지 틈만 나면 집으로 초대해서 고기를 굽곤 했죠. 그런 날이면 장씨는 으레 나를 불러냈습니다.

"자넨 명색이 동화작가 아닌가? 배 속의 아기를 위해서라도 뭔가 좀 재미있고 유익한 이야기를 들려줘야지, 안 그런가?"

장씨가 그럴 때마다 나는 아주 곤혹스러워 죽을 지경입니다. 가뜩이나 글이 막혀 밤마다 머리를 싸매기 일쑤인데 말입니다. 나는 이야기는커녕 잔뜩 찡그린 표정으로 앉아 술안주만 축냅니다.

그런데 하루는 늘 조용하던 새댁이 갑자기 밑도 끝도 없이 이야기 한 토막을 풀어내기 시작하는 것이었습니다.

"어느 숲 속 호숫가에 고고 영감이라는 늙은 비버가 살았어요. 고고는 평생 혼자서 집만 지었답니다. 그런데 드디어 집을 완성하던 날, 난데없이 수달 부부가 들이닥쳤지 뭐예요."

새댁은 그렇게 운을 떼고 나서는 장씨 내외와 나를 물끄러미 둘러보았습니다. 우리는 꿀 먹은 벙어리처럼 그녀의 입만 쳐다보고 있었죠.

"배 속의 아기가 너무 심심할 것 같아서 이야기를 지어본 건데 한번 들어보실래요?"

우리 셋은 동시에 고개를 끄덕였습니다. 그러자 새댁은 약간 편한 자세로 고쳐 앉더니 손으로 배를 쓰다듬으며 이야기를 시작했습니다. 그렇게 시작된 이야기는 밤이 깊도록 계속 이어졌습니다.

새댁은 마치 세헤라자데처럼 매일매일 하나씩 이야기를 들려주었습니다.

"기분 좋을 때마다 풍선을 부는 거인이 있었어요. 그 풍선으로 바람을 쐬면 온갖 근심 걱정이 싹 달아나죠."

그렇게 말 많던 장씨도 이제는 입을 꾹 다문 채 귀를 기울입니다. 장씨 내외와 나는 밤마다 새댁이 들려주는 이야기에 이끌려 상상의 나라로 떠나곤 했습니다. 온통 얼음으로 둘러싸인 숲에서 수백 년 동안 눈으로 성을 짓는 야수를 만나기도 했고, 털 많은 강아지와 함께 거리를 방황하기도 했죠. 또 어떤 날은 사람들에게 꿈을 비춰주는 도시의 등대지기를 만나는가 하면, 탐험가 아빠와 함께 걷고 있는 소녀를 상상하기도 했습니다. 씨앗 장수 이삭의 이야기도 빼놓을 수 없습니다.

"씨앗 장수 이삭은 밤마다 마을을 돌아다니며 씨앗을 주워 담았어요. 그런데 이 씨앗은 보통 씨앗이 아니라 사람들의 감정이 꼭꼭 뭉쳐져서 만들어진 신비로운 씨앗이에요.”

우리가 이야기에 흠뻑 빠져 있는 동안에도 그녀는 이따금씩 어둠에 잠긴 바다를 바라보았습니다. 나는 그녀의 간절한 눈빛이 밤바다로 향할 때마다 가슴이 아팠습니다.

며칠째 새댁의 이야기를 듣다보니 꽉 막혔던 나의 상상력도 조금씩 숨통이 트이는 것 같았습니다. 나는 다시 책상 앞에 앉아 다음 문장을 이어보기로 했습니다.

‘새댁이라면 이 이야기를 어떻게 풀어나갈까?’

늦은 밤, 사람들이 모두 떠난 뒤 기차 혼자 철길 위에 남았습니다.

날은 어두워졌지만 기차는 철길이 어디서 어디로 이어져 있는지 훤히 보입니다.

눈을 감고도 얼마든지 달릴 수 있습니다.

그때 갑자기 문이 열리더니 덩치 큰 야수와 자그마한 소년이 올라탔습니다.

밖에 눈이 오는 것도 아닌데 둘 다 하얀 눈을 뒤집어쓰고 있었습니다.

“기차 영감님, 급히 가야할 데가 있는데 우릴 좀 태워주시겠습니까?”

야수가 공손하게 물었습니다.

새댁이 들려준 이야기의 주인공들을 기차에 태웠더니 갑자기 이야기가 술술 풀리는 느낌입니다. 나는 기차가 밤길을 달리는 동안 간이역마다 멈춰 서서 새로운 승객들을 태우게 했습니다. 털 많은 강아지 고미도 태우고, 도시의 등대지기와 탐험가의 딸도 태웠습니다. 씨앗 장수 이삭이 귀한 씨앗들을 바구니에 듬뿍 담은 채 기차에 오르자 거인이 불쑥 풍선을 내밀며 반가워했습니다. 숲 속 호숫가를 떠나 이제 갓 모험을 시작한 고고 영감까지 태웠더니 기차 안에는 승객이 제법 많아졌죠. 하지만 아직 태워야 할 승객이 더 남았습니다. 왜냐하면 새댁이 새로운 이야기를 들려줄 때마다 승객이 늘어났으니까요.

"레이디 캔이라는 할머니가 있었어요. 그 할머니는 깡통 속에 이야기를 꼭꼭 담아두는 버릇이 있답니다."

새댁이 레이디 캔이라는 이상한 할머니 이야기를 들려주자 장씨는 "거 한번 만나보고 싶네" 하며 혹시 실존인물이냐고 물었습니다.

"저는 모든 이야기 속에 나오는 주인공들이 세상 어딘가에 실제로 있다고 믿어요."

나는 새댁의 말에 공감했습니다. 상상이란 '간절한 현실'의 모방이고, 반대로 현실이 상상을 모방할 때도 있으니까요. 이렇게 상상과 현실이 서로를 흉내 내기 때문에 인생의 참맛이 생겨나는 게 아닐까요?

밤이 깊어 돌아갈 시간이 되면 장씨와 나는 새댁을 집까지 바래다주었습니다. 새댁은 타고난 이야기꾼답게 밤길을 걸으면서도 이야기를 멈추지 않았습니다.

"히말라야 어느 계곡 마을에 호야라는 소년이 살았어요. 그 마을에는 일 년에 한 번씩 구름참새가 찾아오곤 했죠. 구름참새는 세상에서 가장 아름다운 소리를 지닌 새랍니다."

그날 밤 나는 책상 앞으로 돌아와 기차에 승객 두 명을 더 태웠습니다.

호야는 새장을 들고 기차에 올랐습니다.

새장 속에서 잠자던 구름참새는 승객들을 위해 아름다운 소리로 지저귑니다.

레이디 캔은 고고 영감 옆에 자리 잡고 앉았습니다.

잠시 후 기차가 승객들에게 물었습니다.

"승객 여러분, 이 열차를 이용해주셔서 감사합니다.

그런데 여러분, 도대체 어딜 가시는 건가요?"

날씨가 부쩍 추워져서인지 새댁은 며칠 동안 외출을 하지 않았습니다. 장씨는 늘 그렇듯 횟집 창가에 앉아 밤바다를 바라보며 술을 마십니다.

"아기가 태어나기 전에 돌아와야 할 텐데……."

장씨도 새댁처럼 아기가 외딴집에서 쓸쓸하게 태어나는 게 두려운 모양입니다. 그런 날이면 장씨 앞의 탁자에는 빈 술병이 곱절로 늘어납니다.

여느 때처럼 얼큰하게 취해가던 어느 날 밤이었습니다. 들어도 그만, 안 들어도 그만인 이야기를 주절주절 늘어놓던 장씨가 갑자기 "어, 저게 뭐야!" 하며 하늘을 가리키는 것이었습니다. 하늘 위에는 유난히도 크고 밝은 빛이 깜박이고 있었습니다.

"저렇게 큰 별 본 적 있나?"

사실은 별이 아니라 아주 낮게 날고 있는 비행기 불빛이었습니다. 하지만 장씨는 그것이 어느 귀한 탄생을 알리는 별이라고 주장했습니다. 공교롭게도 그 빛은 새

댁의 외딴집 하늘 위에서 한참 동안 반짝이고 있었습니다. 빛이 사라진 뒤에도 장씨
는 여전히 흥분을 가라앉히지 못합니다.

"아기 예수가 태어날 때도 저런 별이 떴다고 하지 않았나? 그래서 동방박사 세
사람이 별을 보고 길을 떠났지. 나도 알 건 다 안다네. 이건 아무래도 계시야, 계시.
위대한 탄생을 알리는 계시란 말일세."

그때까지만 해도 나는 그 일이 술자리의 사소한 해프닝으로 그칠 줄 알았습니
다. 하지만 이번엔 그렇지 않았습니다. 다음 날 아침, 섬사람들 사이에 소문이 파다
하게 퍼져 있었던 겁니다.

"귀한 아기의 탄생을 알리는 별이 떴다는데 그게 사실이오?"

김 선장이 내게 물었습니다. 어촌계장과 장씨도 함께였고, 또 그 뒤로도 여러
명이 모여 있었습니다.

"세상에 귀하지 않은 아기도 있나요?"

나는 간밤에 장씨가 본 건 별이 아니라 비행기 불빛이었다고 말하려던 참이었
습니다. 하지만 사람들의 표정을 보는 순간, 말문이 막히고 말았죠. 버려진 섬에서
희망도 없이 살아가는 그들에게 '사실'을 말하는 게 무슨 소용일까 싶었습니다. 나
는 아이들에게서 "산타클로스가 진짜로 있나요?"라는 질문을 받았을 때처럼 난감
했습니다.

"자세히 보지는 못했지만 굉장히 크고 환한 것이 빛나고 있었습니다."

그러자 여기저기서 웅성웅성 들끓기 시작했습니다.

"그게 별이 맞소?"

"글쎄요, 초신성일 수도 있고 또 어쩌면 혜성일 수도 있죠. 아무튼 평범한 빛은 아니었어요."

내가 이렇게 대답하는 동안 장씨는 "그렇지, 그래", "옳지, 맞아!" 하며 의기양 양하게 맞장구를 쳤습니다. 나는 왠지 큰 소동으로 이어질지도 모를 일에 공범이 된 기분이 들었습니다. 그래서인지 어쩌면 그게 비행기 불빛이 아니라 진짜 별이었을 지도 모른다는 생각마저 들었습니다.

이제 곧 아기가 태어날 외딴집 하늘 위에 거룩한 별이 떴다는 이유만으로 섬사 람들의 하루하루가 달라지기 시작했습니다. 아낙네들은 부드러운 천으로 배냇저 고리며 기저귀를 만들었고, 해녀들은 부지런히 미역을 땄습니다. 김 선장은 산파를 데려오겠다며 배를 타고 육지로 나갔습니다. 새댁이 산기를 보이기 시작한 것은 그 로부터 닷새 뒤였습니다.

산파와 장씨 처가 방 안에서 분만을 돕는 동안 밖에는 섬마을 사람들이 불을 밝힌 채 옹기종기 모여 있었습니다. 고개를 치켜들고 하늘만 바라보는 사람도 있었 습니다. 하지만 하늘에서는 거룩한 별 대신 첫눈이 흩날리고 있었습니다. 장씨와 나는 손을 꼭 쥔 채 마른침만 삼켰죠.

다들 숨죽이며 기다리는 가운데 눈발이 점점 굵어졌습니다. 그때 안에서 아기 울음소리가 들려왔습니다.

"아들이오!"

장씨 처의 목소리에 사람들이 기뻐하며 박수를 쳤습니다. 그런데 잠시 후 또 하나의 울음소리가 울려 퍼졌습니다.

"딸이오!"

사람들이 큰 목소리로 환호했습니다. 바로 그때 누군가 소리쳤습니다.

"별이다, 별이 떴다!"

"어디, 어디?"

저마다 고개를 들어 하늘을 살펴봤지만 별은 보이지 않았습니다. 별빛은 하늘이 아니라 바다 쪽에서 빛나고 있었습니다.

"가만, 아무래도 별이 아닌 것 같은데?"

빛은 해변을 향해 천천히 다가오고 있었습니다.

장씨와 나는 빛을 향해 뛰어갔습니다. 사람들도 우리를 뒤따르기 시작했습니다. 기세 좋게 다가오던 빛은 바닷가 기차역에 이르러 더 이상 움직이지 않았습니다.

"어라, 저게 뭐야? 기차잖아?"

사람들은 방금 파도를 가르며 나타난 기차를 향해 정신없이 달려갔습니다.

섬마을 기차역에는 백 년 동안의 운행을 마친 늙은 기차가 마치 고향에 돌아온 것처럼 편안한 모습으로 서 있었습니다. 잠시 후 문이 열리더니 승객들이 하나둘 내리기 시작했습니다. 제일 먼저 내린 승객은 고고 영감이었습니다. 그는 기차에서 내리자마자 장씨 앞으로 다가가더니 이렇게 물었습니다.

"산모는 괜찮소?"

"예, 물론이죠."

"아들이오, 딸이오?"

"쌍둥이랍니다."

"허허, 내 예상이 맞았군. 어찌된 셈인지 내가 가는 곳마다 아기가 태어나지 뭐요. 아주 씩씩하고 예쁜 아기 말이오."

뒤이어 야수와 소년이 내렸습니다. 야수는 함박눈을 바라보며 소년에게 말했습니다.

"이런, 어딜 가나 눈이 내리는군."

"그래도 이 눈은 제법 잘 뭉쳐지겠는데요?"

야수와 소년은 낡고 부서진 기차역을 둘러보며 어디를 어떻게 손봐야 할지 서로 의논하기 시작했습니다.

세 번째로 내린 승객은 등대지기 노인이었습니다. 그는 인자한 표정으로 내게 다가와 귓속말로 물었습니다.

"며칠 전에 저 외딴집 하늘 위로 빛이 빛나지 않던가?"

"크고 환한 빛이 반짝였었죠."

"그래? 음, 제대로 비췄군."

나는 그제야 거룩한 별빛의 정체를 알았습니다. 그 빛은 다름 아닌 도시의 등대지기가 보낸 것이었죠. 다음으로 커다란 거인이 한 손에는 풍선을, 그리고 또 한 손에는 강아지 고미를 안고 내렸습니다. 거인이 쿵쿵 소리를 내며 걸을 때마다 사람들은 와와, 하며 감탄했습니다. 곧이어 호야가 새장을 들고 내렸습니다. 호야 옆에는 씨앗 장수 이삭이 서 있었습니다. 마지막으로 통통하고 야무지게 생긴 소녀 경이가 레이디 캔의 팔짱을 낀 채 기차에서 내렸습니다.

섬마을 기차역은 사람들로 북적였습니다. 그때 장씨가 큰소리로 외쳤습니다.

"자자, 여러분. 줄을 서세요! 지금부터 질서정연하게 저를 따라오세요!"

기차에서 내린 승객과 섬마을 사람들은 마치 순례자들처럼 불 켜진 외딴집을 향해 걸음을 옮기기 시작했습니다.

거인은 쌍둥이를 낳은 새댁에게 커다란 풍선을 선물했습니다. 풍선 바람을 쐬자 새댁의 얼굴이 환하게 밝아졌습니다. 고고 영감은 정성껏 만들어온 아기 침대 위에 쌍둥이를 뉘였습니다. 쌍둥이는 구름참새의 노래를 들으며 새근새근 잠들었습니다. 털 많은 강아지 고미가 만들어온 털신과 털장갑은 아기들 손발에 꼭 맞았습니

다. 레이디 캔은 새댁에게 빈 깡통을 내밀며 말했습니다.

"아기들을 키우는 동안 수많은 얘깃거리들이 생겨날 게야. 그때마다 이 깡통 속에 이야기들을 하나하나 채워봐."

경이는 오랫동안 지녀왔던 돌 목걸이를 새댁의 목에 걸어주었습니다.

"천년 동안 눈 속에 묻혀 있던 돌멩이에요. 이 돌멩이를 만지면 다시 처음처럼 마음이 신선해져요."

야수와 소년은 아까부터 밖에서 커다란 눈사람을 조각하고 있었습니다. 씨앗 장수 이삭은 그 자리에 있는 모든 사람들에게 씨앗을 나눠주고, 마당 구석구석에 심기도 했습니다.

마지막으로 등대지기 노인이 새댁에게 다가왔습니다. 등대지기는 새댁이 잘 볼 수 있게 방문을 열었습니다. 밤바다가 한눈에 펼쳐졌습니다.

"지금 마음속에 가득 차 있는 그리움으로 저 바다를 비춰보게."

새댁은 간절한 눈빛으로 바다를 바라보았습니다. 잠시 후 밖에서 장씨의 목소리가 울려 퍼졌습니다.

"배가 돌아온다! 쌍둥이 아빠가 돌아오고 있어!"

캄캄한 밤바다, 그 아득한 수평선 위에 별처럼 찬란한 빛이 빛나고 있었습니다. 그것은 별이 아니라 고깃배의 불빛이었습니다. 멀리 떠났던 고기잡이배가 빠르게 다가오는 것이었습니다. 기차에서 내린 승객들과 섬마을 사람들은 횃불을 든 채 마당에서부터 해변까지 길게 줄을 섰습니다.

나는 바닷가 역 앞에서 꾸벅꾸벅 졸고 있는 기차에게 다가갔습니다. 그리고 혼자 조용히 객실 칸에 올라 창가에 앉았습니다. 그때 기차가 말했습니다.

"승객 여러분, 이 열차는 더 이상 운행하지 않습니다."

"네, 알아요. 그냥 이렇게 밤새도록 앉아 있고 싶군요."

"맘대로 하시구려."

나는 꿈과 현실의 경계가 무너진 그 자리에 앉아 오랫동안 바닷가 풍경을 바라보았습니다. 해변에 도착한 고깃배에서 젊은 어부가 내리더니 곧장 집으로 뛰어가는 모습이 보였습니다. 수많은 횃불이 그 뒤를 이었습니다.

그날 밤, 어부의 아내는 귀여운 쌍둥이를 낳았고, 동화는 또 다른 동화를 낳았습니다. 어디서부터 어디까지가 동화인지 이젠 나도 잘 모르겠습니다.

분명한 건, 현실과 상상을 넘나드는 그 신기한 이야기들처럼 앞으로 아기들이 만나고 누리게 될 세상의 모든 만남도 그만큼 놀랍고 경이로울 거라는 사실입니다. 그래서 나는 그 섬마을에서 쓰기 시작한 동화를 끝내 완성하지 않기로 마음먹었습니다.

왜냐하면 진짜 이야기는 지금부터 시작될 테니까요.

태교 동화를 읽는 시간, 사랑을 배우는 아이

하루 5분 엄마 목소리

초판 1쇄 발행 2014년 6월 10일 **초판 61쇄 발행** 2025년 11월 3일

지은이 정홍
그린이 김승연
펴낸이 최순영

출판1 본부장 한수미
라이프 팀장 곽지희

펴낸곳 ㈜위즈덤하우스 **출판등록** 2000년 5월 23일 제13-1071호
주소 서울특별시 마포구 양화로 19 합정오피스빌딩 17층
전화 02) 2179-5600 **홈페이지** www.wisdomhouse.co.kr

ⓒ 정홍, 2014

ISBN 978-89-91731-88-2 13590

* 이 책의 전부 또는 일부 내용을 재사용하려면 반드시 사전에 저작권자와
  ㈜위즈덤하우스의 동의를 받아야 합니다.
* 인쇄·제작 및 유통상의 파본 도서는 구입하신 서점에서 바꿔드립니다.
* 책값은 뒤표지에 있습니다.